N&K

Nick Caruso & Dani Rabaiotti

(p)oops!

Erstaunliches zur tierischen Flatulenz

Mit Illustrationen von Ethan Kocak
Aus dem Englischen von Katharina von Savigny

NAGEL & KIMCHE

Titel der Originalausgabe:
Doest It Fart? The Definitive Field Guide to Animal Flatulence
First published in Great Britain in 2017 by Quercus
© Nick Caruso and Dani Rabaiotti 2017
Illustrations © Ethan Kocak

1. Auflage 2019

© der deutschsprachigen Ausgabe: 2019 Nagel & Kimche
in der MG Medien Verlags GmbH, München
Satz: JournalMedia GmbH, Susanne Tauber
gesetzt aus der Berling LT Roman, 9 Punkt
Grafik: Richard Carr, Carr Design Studio
Herstellung: Der Buch*macher* Arthur Lenner, Windach
Umschlaggestaltung: JournalMedia GmbH unter Verwendung
einer Illustration von © Ethan Kocak und Us Now
Druck und Bindung: Friedrich Pustet, Regensburg

ISBN 978-3-312-01110-0
Printed in Germany

EINFÜHRUNG

— ❧ —

WIE DIESES BUCH ZUSTANDE KAM

Nick Caruso und Dani Rabaiotti sind auf Twitter aktiv und nutzen die Plattform, um über ihre Arbeit zu berichten und sich mit anderen Wissenschaftlern auszutauschen. Sie sind Teil einer großen Twitter-Community von Zoologen und Ökologen, die dort ihre Erkenntnisse und Forschungsergebnisse teilen und auch miteinander arbeiten. Eines schicksalhaften Tages wurde Dani von einem Familienmitglied gefragt, ob Schlangen eigentlich pupsen können. Dani war sich nicht sicher. Aber sie kannte jemanden, der es mit Sicherheit wusste: David Steen, Privatdozent für Wildtierökologie und Artenschutz an der Auburn University in Alabama und in jeder Hinsicht Schlangenexperte. Seine Antwort auf Danis Tweet war: «seufz ja», und von da an war der wissenschaftlichen Twittergemeinde klar, dass Zoologen und Tierforscher nicht selten mit der Frage konfrontiert werden, ob eine Tierart furzen kann. Nick kreierte den Hashtag #DoesItFart, und der artete – wie es in der Wissenschaft eben so läuft – rasch in eine umfangreiche Tabelle aus. Viele Wissenschaftler und Tierhalter steuerten ihr Wissen bei: Eine Liste der Mitwirkenden und ihrer Twitter-Konten findet sich am Ende des Buchs auf Seite 141. Der nächste Schritt war dann logischerweise ein umfangreicherer Leitfaden – und so war *(p)oops! Erstaunliches zur tierischen Flatulenz* geboren.

Was ist eigentlich ein Furz?

Der medizinische Fachbegriff für den Furz oder Pups ist «Flatulenz», der wiederum als «rektales Entweichen von Darmgasen» definiert ist. *Flatus* (lateinisch für Wind, Blähung) sind streng genommen die Gase, die während der Verdauung produziert werden – im Allgemeinen im Magen und/oder im Darm. Mit diesem Buch bewegen sich Nick Caruso und Dani Rabaiotti also auf dem Gebiet der Flatologie oder Flatulenzforschung, auch wenn ihre eigentlichen Fachgebiete andere sind.

Das Wort «Furz» geht auf das 13. Jahrhundert zurück (den Begriff «Flatulenz» verwendete man damals noch nicht). «Furzen» bedeutete im engeren Sinne «eine Blähung laut entweichen lassen». Heute werden die Begriffe «furzen» und «pupsen» ganz allgemein verwendet, um zu beschreiben, wie beliebige Gase aus dem Ende eines Lebewesens entweichen, das dem Mund gegenüberliegt – ob das nun After, Kloake oder eine andere spezialisierte Öffnung ist –, egal ob es hörbar ist oder nicht. Diese allgemeinere Begriffsbestimmung wird auch im vorliegenden Buch verwendet. Auch wenn also manche der in diesem Buch beschriebenen Fürze (oder Pupse) nicht der strengen medizinischen Definition von Flatulenz entsprechen, gehen wir davon aus, dass sie von jedem Leser als solche wahrgenommen würden, wenn sie ihnen begegneten.

Nicht alle Fürze sind gleich: Geruch und Häufigkeit von Flatulenzen können je nach Ernährungsweise, Gesundheitszustand und Darmflora eines Lebewesens stark variieren. Gemüse und andere ballaststoffreiche Nahrung wie Hülsenfrüchte, laktosehaltige Milchprodukte, Nahrung, die viel Stärke oder Fruktose enthält, und vieles andere ist schon beim Menschen mit einer erhöhten Flatulenzfrequenz in Verbindung gebracht worden (das betrifft höchstwahrscheinlich auch etliche andere Säugetiere, aber es gibt wenig Studien dazu). Wir alle kennen Kinderreime wie «Jedes Böhnchen gibt ein Tönchen, jede Erbse einen Knall». So ähnlich geht es allen Organismen, die Nahrung zu sich nehmen, die schwer verdaulich ist und somit länger im Darmtrakt verbleibt: Sie erhöht die Furzhäufigkeit.

Während viele Pupse geruchlos entweichen (sie bestehen hauptsächlich aus Kohlendioxid), kann schwefelhaltigere Nahrung wie Fleisch oder Rosenkohl zur Entstehung von Schwefelwasserstoff führen, der einen beißenden Geruch von faulen Eiern mit sich bringt. Parasitäre Infektionen wie Dünndarmentzündungen, andere Magen-Darm-Infekte oder auch Lebensmittelunverträglichkeiten können ebenfalls zu mehr oder unangenehm riechender Flatulenz führen. Außerdem gibt es Individuen, die eine höhere Konzentration an Gas produzierenden Bakterien und anderen Mikroorganismen im Darm haben – deren sogenannte Darmflora also einfach mehr Fürze produziert.

DER HERING

Wissenschaftlicher Name (Gattung): Clupea

~~~

KÖNNEN HERINGE PUPSEN? JA

Der Hering zählt weltweit 200 verschiedene Arten – also Vertreter der Gattung Clupea –, von denen es in der Kunst des Pupsens etliche zu großer Könnerschaft gebracht haben. Vom pazifischen und atlantischen Hering ist bekannt, dass er an der Wasseroberfläche Luft schluckt und in seiner Schwimmblase speichert, um sie dann später mithilfe einer speziellen Technik aus seinem Analtrakt auszustoßen; die wissenschaftliche Bezeichnung FRT (*Fast Repetitive Tick*) weist darauf hin, dass in rascher Abfolge sich wiederholende kurze Töne erzeugt werden.

FRTs sind Forschern zufolge «sehr hohe Pupsgeräusche», wie sie entstehen, wenn Menschen Luft durch ihre locker aufeinander liegenden Lippen pressen. Bei einer Frequenz von 1,7 bis 22 Kilohertz kann ein FRT zwischen 0,6 und 7,6 Sekunden dauern. Heringe, die im Vergleich zu anderen Fischen ein ausgesprochen gutes Gehör haben, produzieren FRTs umso häufiger, je höher die Heringsdichte im Schwarm ist.

Es wird vermutet, dass sie FRTs erzeugen, um mit anderen Angehörigen ihrer Art zu kommunizieren. Auf diese Weise können Heringe insbesondere nachts, wenn sie nichts sehen, einander finden und zusammenbleiben; diese besonders flatulenzaffine Spezies nutzt also Pupse, um Schwärme zu bilden und sich so vor Raubfischen zu schützen. Man könnte nun meinen, dass die Furzgeräusche auch dem Raubfisch helfen, die nahrhaften Heringshappen zu finden. Tatsächlich scheinen die hohen Frequenzen der FRTs aber über dem hörbaren Spektrum der meisten Raubfische zu liegen – es handelt sich also um einen geheimen Furzcode, den nur Heringe hören können. Die meisten Meeressäuger (und auch der Mensch!) können ihn allerdings hören, was vermuten lässt, dass sie so auch ihre Beute orten.

DIE ZIEGE

Wissenschaftlicher Name (Art): Capra aegagrus hircus

KÖNNEN ZIEGEN PUPSEN? JA

Ziegen gehören zur Familie der *Bovidae*, die auch Kühe einschließt (siehe Seite 110), was wiederum bedeutet, dass sie vier prall mit Methan erzeugenden Bakterien gefüllte Mägen haben, die ihnen dabei behilflich sind, pflanzliches Material zu verdauen und dabei ordentlich Gase zu produzieren. Obwohl dieser Verdauungsprozess deutlich mehr Rülpser als Fürze hervorbringt, pupsen Ziegen auch; diese Kombination macht sie zu besonders gashaltigen Tieren. Im Jahr 2015 musste ein mit über 2.000 Ziegen beladenes Flugzeug auf dem Weg nach Kuala Lumpur notlanden, nachdem durch die massenhaft austretenden Gase der an Bord befindlichen Tiere Feueralarm ausgelöst worden war.

Hausziegen (und ihre Pupse) leben dank ihrer robusten Natur und ihrer Milch produzierenden Eigenschaften seit über 10.000 Jahren in menschlicher Gesellschaft. Eines der ältesten säkularen Lieder der englischen Sprache – «Summer is icumen in», das die Bilder und Klänge des Sommers besingt – enthält die Zeile «Bulluc stertep, bucke uertep», von der man vermutet, dass sie in etwa bedeutet: «Der Ochse springt, der Ziegenbock furzt.» Nicht nur die Ziegen selbst sind also von kultureller Bedeutung, sondern auch ihre Fürze.

DIE ARIZONA-KORALLENSCHLANGE

Wissenschaftlicher Name (Art): Micruroides euryxanthus

※

KÖNNEN KORALLENSCHLANGEN PUPSEN? JA

Diese auffällig gezeichnete, hochgiftige Schlange ist recht weit verbreitet; man findet sie im südlichen Arizona, in Teilen Neu-Mexikos, im mexikanischen Bundesstaat Sonora und den daran angrenzenden Gebieten. Wie viele Giftschlangen ist auch diese Art nicht besonders versessen darauf zuzubeißen, sondern bedient sich einer höchst ungewöhnlichen Verteidigungsstrategie. Wenn sich die Schlange bedroht fühlt, verbirgt sie den Kopf unter ihren Körperschlingen, hebt das Schwanzende hoch und saugt Luft in ihre Kloake (das Körperteil, aus dem Schlangen Blase und Darm entleeren), die sie dann schlagartig wieder ausstößt. Das erzeugt ein Knallgeräusch von ungefähr 2,5 Kilohertz, auch bekannt als Kloakenpups. Diese Knallgeräusche klingen wie eine etwas höher frequente, kürzere Version eines menschlichen Pupses (siehe Seite 126) und können aus bis zu zwei Metern Entfernung gehört werden! Bedauerlicherweise ist die Wirksamkeit dieser Verteidigungsstrategie bisher nicht wissenschaftlich dokumentiert worden, aber in Kombination mit ihrer auffälligen Zeichnung und ihrem Gift scheint die Arizona-Korallenschlange recht gut zurechtzukommen.

Kloakenpupse sind unter Schlangen eher selten, aber auch die *Western hooknose snake (Gyalopion canum)* ist schon dabei beobachtet worden, wie sie ihren Körper herumwirft und gleichzeitig unter Kloakenpupsen ihren kompletten Darm entleert, wenn sie sich angegriffen fühlt. Im Grunde genommen ist die Arizona-Korallenschlange also vergleichsweise höflich …

DER PAVIAN

Wissenschaftlicher Name (Gattung): Papio

— ∞∞∞ —

KÖNNEN PAVIANE PUPSEN? JA

Die Gattung *Papio*, gemeinhin als Pavian bekannt, besteht aus fünf Arten, die alle in Afrika sowie – im Falle des Mantelpavians *(Papio hamadryas)* – in Teilen der Arabischen Halbinsel vorkommen. Paviane bevölkern den Planeten seit mindestens zwei Millionen Jahren. Sie sind hochgradig soziale Tiere und leben in Gruppen, sogenannten Verbänden, von bis zu 250 Einzeltieren (häufig liegt die Anzahl aber eher bei etwa 50 Tieren), in denen ein komplexes Dominanzverhalten die Rangordnung und damit das Gruppenleben reguliert. Hierbei können Fürze eine erstaunlich wichtige Rolle spielen. Wie die meisten Primaten pupsen Paviane häufig und ohne jegliche Zurückhaltung. Weibliche Paviane weisen in ihrer fruchtbaren Zeit eine sogenannte Regelschwellung auf, mit der sie den Männchen zu erkennen geben, dass sie paarungsbereit sind. Dieses Anschwellen von Hinterteil und Sexualorganen verstärkt Berichten zufolge jede Form der Flatulenz oder macht sie zumindest besser hörbar. Und da behaupten die Leute, es gäbe keine Romantik mehr!

Innerhalb eines Verbandes gibt es häufig Kämpfe zwischen den Männchen, bei denen unterlegene vor dem dominanten Männchen unter lautem Geschrei, Gefurze und Gekote fliehen. Wie bei Schimpansen (siehe Seite 71) haben Forscher auch schon Pavianverbände aufgespürt, indem sie hörbare Flatulenzen verfolgt haben – eine nützliche akustische Fährte, denn Paviane sind erstaunlich gut darin, in der umliegenden Vegetation zu verschwinden.

DER TAUSENDFÜSSLER

Wissenschaftlicher Name (Klasse): Myriapoda, Diplopoda

Können Tausendfüssler pupsen? Ja

Tausendfüßler *(Myriapoda)* gehören zur Gruppe der Doppelfüßer, deren wissenschaftlicher Name *Diplopoda* sich aus der Tatsache herleitet, dass sie anders als andere Arthropoden (Gliederfüßer) zwei Beine an jedem Körpersegment haben. Genauso ungewöhnlich im Vergleich zu anderen Arthropodengruppen ist ihr sehr einfaches Verdauungssystem, das im Dickdarm keine Kottasche aufweist, um Verdautes zu speichern. Das bedeutet, dass Nahrung den Tausendfüßler rasch passiert und so schnell wie möglich zersetzt werden muss. Zu diesem Zweck werden die Gedärme des Tausendfüßlers von Organismen, den methanogenen Archaeen, bewohnt – diese einzelligen Kleinstlebewesen helfen dabei, die aufgeschlüsselte Nahrung (hauptsächlich verrottendes Holz und Blattreste) zu verwerten, und produzieren dabei Methan.

Verschiedene Tausendfüßlerarten haben unterschiedliche Archaeentypen in ihrem Darm, und ihre Methanproduktion korreliert mit der Körpermasse – das heißt, je größer der Tausendfüßler, desto gewaltiger der Furz. Wie bei vielen anderen Insektengruppen sind auch Tausendfüßler aus tropischen Gefilden größer als die aus gemäßigten Klimazonen, so dass tropische Arten gemeinhin auch mehr Darmgase produzieren. Die größte Art – der afrikanische Riesentausendfüßler, *Archispirostreptus gigas* – wird mit bis zu 256 Beinen bis zu 38 Zentimeter lang und lebt (und, so darf man annehmen, furzt) vorrangig in den Trockensavannen Ostafrikas.

DIE PERLEN-FLORFLIEGE

Wissenschaftlicher Name (Art): Lomamyia latipennis

~⊛~

KÖNNEN FLORFLIEGEN PUPSEN? JA

Es gibt Hunderte von Arten dieser kleinen geflügelten Insekten, die man Netzflügler nennt, und über ihre Lebensweise, insbesondere im Larvenstadium, weiß man sehr wenig. Fest steht allerdings, dass man sie auf jedem Kontinent außer in der Antarktis findet. Falls einem das irgendwie bekannt vorkommt, dann vielleicht, weil eine andere Insektenart genauso verbreitet ist: die Termiten (siehe Seite 45). Von etlichen Netzflüglerartigen weiß man, dass ihre Larven in enger Symbiose mit Termiten leben. So legen die Weibchen der Perlen-Florfliege ihre Eier auf verrottendes Holz in der Nähe von Termitenbauten, und wenn die Larven schlüpfen, kriechen sie in den Bau, um dort zu leben und auf unterschiedlichste grausame Weise Jagd auf die dort lebenden Arbeiter zu machen.

Eine Art, *Lomamyia latipennis*, hat eine besonders raffinierte Methode, ihre Beute zu betäuben und zu töten: Sie pupst sie an. Die Larve hebt ihr Hinterteil über den Kopf der Termiten und lässt ein hochwirksames Allomon entweichen (eine Chemikalie, die Verhalten beeinflusst), das die Termite lähmt und letztendlich tötet. Das Allomon hat keinen Einfluss auf andere Insektenarten oder die Larve selbst. Diese Netzflüglerart hat also eine sehr spezifische Furzzusammensetzung entwickelt, die perfekt an ihr Larvenleben im Bau der Beutetiere angepasst ist. Es handelt sich um tatsächlich tödliche Pupse, von denen der Wissenschaft nur sehr wenige bekannt sind.

DAS PFERD

Wissenschaftlicher Name (Art): Equus ferus caballus

KÖNNEN PFERDE PUPSEN? JA

Pferde zählen zu den größten Vielfurzern im Tierreich. Das liegt daran, dass sie, anders als Hornträger *(Bovidae)* – zu denen unter anderen Kühe (siehe Seite 110), Antilopen und Lamas (siehe Seite 66) gehören –, sogenannte Enddarmfermentierer sind: Die von ihnen gefressene pflanzliche Nahrung passiert Magen und Dünndarm und wird erst im Dickdarm durch Biofermentation verdaut. Pflanzen sind besonders schwer verdaulich, weil sie einen hohen Zellulose-Anteil besitzen, der wiederum durch eine besonders große Vielfalt an Mikroorganismen (vorrangig Bakterien und Archaeen) im Pferdedarm zersetzt werden muss.

Ein wesentliches Nebenprodukt aller Gärungsprozesse ist Gas – und Pferde produzieren davon eine ganze Menge! Sie haben einen besonders langen Dickdarm – um die dreieinhalb Meter –, der ihnen dabei hilft, all das pflanzliche Material zu verwerten. So haben die Gase viel Zeit und Raum, um sich anzusammeln, und weil der Dickdarm am Ende des Verdauungstraktes liegt, lassen Pferde diese reichlich und häufig entweichen – in Form von Fürzen. Pferde lassen jederzeit an jedem Ort einen fahren, wie alle bestätigen können, die schon einmal Zeit mit ihnen verbracht haben. Die Mikroorganismen im Darm versorgen das Tier nebenbei mit allen Vitaminen und Mineralstoffen, die es braucht, um gesund zu bleiben; die Fürze sind also eigentlich nur eine Bagatelle.

DAS KÄNGURU

Wissenschaftlicher Name (Gattung): Macropus

KÖNNEN KÄNGURUS PUPSEN? JA

Kängurus kam in der Flatulenzforschung früher eine Schlüsselrolle zu. Wissenschaftler haben etliche Jahre mit großem Einsatz versucht, Darmbakterien von Kängurus in Kühen anzusiedeln, um so die Methanemissionen von Kühen zu senken. Weshalb? Weil man vermutete, dass Kängurupupse sehr wenig Methan beinhalteten, und Kühe emittieren so viel Methan, dass sie signifikant zum Klimawandel beitragen. Eine neuere Studie von Dr. Adam Munn an der Universität von Wollongong, Australien, hat allerdings gezeigt, dass Kängurus tatsächlich mehr Methan produzieren als ursprünglich angenommen. Auch wenn es weniger ist als bei Kühen (siehe Seite 110) und anderen Wiederkäuern, ist es bei Kängurus offenbar pro Kilogramm Körpermasse ähnlich viel wie bei anderen Arten, etwa Enddarmfermentierern wie Pferden (siehe Seite 18). Darüber hinaus scheint die geringere Methanproduktion eher ein Ergebnis des spezifischen Verdauungssystems von Kängurus zu sein, das Fermentation im Vorderdarm nutzt: Hier wird das pflanzliche Material anaerob (ohne Sauerstoff) im Vormagen von Bakterien zersetzt, bevor es den Rest des Verdauungssystems erreicht. Das bedeutet, dass Nahrung Kängurus relativ schnell passiert, so dass weniger Zeit zur Gasproduktion bleibt. Unglücklicherweise scheinen Kängurupupse das Problem des Klimawandels also doch nicht lösen zu können!

DER CUATRO-CIENEGAS-WÜSTENKÄRPFLING

Wissenschaftlicher Name (Art): Cyprinodon atrorus

———◦∞◦———

KÖNNEN WÜSTENKÄRPFLINGE PUPSEN? JA

Der Cuatro-Cienegas-Wüstenkärpfling heißt so, weil er in den flachen Wüstengewässern des Naturschutzgebiets Cuatro Cienegas in Nordmexiko endemisch ist – das heißt, er lebt (und pupst) nur dort. Interessanterweise lautet sein englischer Name *Bolson pupfish*, was zumindest klanglich auf eine seiner Eigenarten hinweisen könnte. *Cyprinodon atrorus* ernährt sich nämlich von Algen und anderen Organismen, die sich im Sediment dieser Gewässer finden. Die Tümpel sind ständig wechselnden Temperaturen ausgesetzt und auch ihr Salzgehalt schwankt stark. Im Sommer, wenn die Temperaturen am höchsten sind, produzieren die dort siedelnden Algen Gasblasen, die die Fische mit ihrem Futter aufnehmen. Dadurch steigt der Gasgehalt im Körper, Darm und Unterleib schwellen an, so dass die Fische ihr Gleichgewicht verlieren und Probleme beim Schwimmen bekommen – sie beginnen zu treiben. Diese Fische buddeln sich eigentlich gern im Bodensediment ein; wenn sie allerdings voll mit Algengasen sind, kommen sie immer wieder hoch und steigen aus dem Sand an die Wasseroberfläche. Die einzige Rettung sind dann Fürze, mit deren Hilfe sich die Fische wieder in Position bringen und normal schwimmen können. Wenn es den Fischen aus irgendwelchen Gründen unmöglich ist, sich durch Flatulenzen zu erleichtern, wird ihr Treiben an der Wasseroberfläche zu einer Frage von Leben und Tod: Sie riskieren, leichte Beute für Raubvögel wie Fischreiher zu werden; die hohe Konzentration heißer Luft im Fischleib kann sogar zum Darmdurchbruch führen. Man hat schon bis zu 300 Tiere gefunden, die gleichzeitig so zu Tode gekommen waren; auch wenn diese Art pupsen kann, würden die Kärpflinge davon profitieren, es öfter zu tun. Für sie geht es um Furz oder Tod.

DER AFRIKANISCHE WILDHUND

Wissenschaftlicher Name (Art): Lycaon pictus

———— ∞ ————

KÖNNEN AFRIKANISCHE WILDHUNDE PUPSEN? JA

Afrikanische Wildhunde, auch Hyänenhunde genannt, sind eine sehr soziale Art, die in Gruppen von 2 bis 26 Individuen zusammenlebt. Sie ziehen den Nachwuchs gemeinschaftlich auf; ein einzelnes Alpha-Paar zeugt die Welpen, während der Rest des Rudels dabei hilft, den Wurf aufzuziehen. Wildhunde sind Rudeljäger, die ihre Beute gemeinsam jagen und reißen; dabei sind die Beutetiere häufig größer als die Hunde selbst, wie zum Beispiel Impala oder Streifengnus. Wenn das Rudel Welpen hat, lässt es einen Babysitter am Bau zurück, der den Nachwuchs gegen andere Raubtiere verteidigen soll, während die restlichen Rudelmitglieder Futter für den Babysitter und die Welpen mitbringen, indem sie das gerissene Fleisch teilweise wieder hervorwürgen.

Wenn sie von der Jagd zurückkehren, begrüßen sich die Mitglieder des Rudels freudig erregt (wer würde sich nicht über ein Abendessen aus hervorgewürgten Fleischbrocken freuen?). Ein Nebeneffekt dieser Erregung ist, dass die Wildhunde sich überall entleeren, häufig von veritablen Furzattacken begleitet. Ein wissenschaftlicher Artikel aus den 50er Jahren merkt dazu an, dass «ein übler Geruch sie als Haustiere ungeeignet erscheinen lässt» (wobei das bei Weitem nicht der einzige Grund ist, der gegen eine Haltung zu Hause spricht). Wildhunde riechen schon ohne zusätzliches Gefurze extrem intensiv; allerdings ist das letzte Wort unter Wildhund-Forschern noch nicht gesprochen, ob dieser Geruch angenehm oder unangenehm ist.

DIE FLEDERMAUS

Wissenschaftlicher Name (Taxon): Chiroptera

———— ✲ ————

KÖNNEN FLEDERMÄUSE PUPSEN? VIELLEICHT

Bislang hat man weltweit über 1.200 Fledertierarten entdeckt, aber wahrscheinlich gibt es deutlich mehr, da einige Arten unglaublich schwer zu unterscheiden sind. Forscher müssen häufig die winzigen Zähne zu Rate ziehen oder, wie in manchen Fällen, die Echoortungsrufe aufnehmen, um sie auseinanderzuhalten. Gelegentlich meint man ganz deutlich Fürze von Fledermäusen zu hören; diese pupsartigen Geräusche kommen aber in Wirklichkeit von vorne: Die Ortungsgeräusche von *Microchiroptera* (Fledermäuse; die meisten *Megachiroptera* oder Flughunde nutzen keine Echoortung) sind sehr vielfältiger Natur, und manche von ihnen ähneln einem hochfrequenten Flatulenz-Ausstoß.

Als Säugetiere wäre es für Fledermäuse nur natürlich zu furzen, und sie haben mit Sicherheit die richtigen Bakterien in ihrem Verdauungstrakt. Ihre Nahrungsverwertung ist aber unglaublich schnell und ihr Verdauungsapparat insgesamt sehr kurz, weil es natürlich viel zu viel Energie kosten würde, beim Fliegen dauernd einen Haufen Futter mit sich herumzuschleppen. Selbst beim größten Fledertier, dem Eigentlichen Flughund (Gattung *Pteropus*), der etwa ein Kilogramm wiegt, dauert der Verdauungsvorgang vom Maul bis zum After nur 12 bis 34 Minuten. Dies könnte bedeuten, dass Fledertiere generell nicht furzen oder, wenn doch, vielleicht nicht in vernehmbaren Quantitäten – jedenfalls scheint es in der Fachliteratur keine gesicherten Informationen zu Fledermausfürzen zu geben. Dennoch – falls Fledermäuse furzen, gilt als gesichert: Je größer das Fledertier, desto größer das Gebläse.

DIE PORTUGIESISCHE GALEERE

Wissenschaftlicher Name (Art): Physalia physalis

Können portugiesische Galeeren pupsen? Nein

Portugiesische Galeeren sehen vielleicht wie Quallen aus, sind aber – obwohl sie zum selben Stamm gehören – keineswegs welche, in vielerlei Hinsicht sind sie nicht einmal Tiere. Wenngleich sie wie ein einzelner Organismus aussehen, sind sie tatsächlich eine Kolonie von zahlreichen winzigen spezialisierten Organismen, den sogenannten Zooiden. Portugiesische Galeeren fangen ihre Beute, hauptsächlich kleine Fische, indem sie ihre giftigen Tentakel einsetzen. Diese Fangfäden sind mit spezialisierten Nesselkapseln besetzt, die die Beutetiere mit ihren Stichen lähmen. Die Nahrung wird dann zu anderen Zooiden transportiert – den Fresspolypen –, die Verdauungsenzyme über dem Beutetier ausscheiden, das langsam verflüssigt wird (lecker!).

Dieser Vorgang macht jegliche Produktion oder gar die Ansammlung von Gärgasen unmöglich, und weil die Galeeren keinen After und keinen nennenswerten Verdauungstrakt aufweisen, können sie natürlich auch keine Winde fahren lassen. Allerdings haben sie eine sehr gashaltige Eigenschaft: die sackförmige Gasblase, auch Pneumatophore genannt, die für Auftrieb im Meer sorgt und die Galeere dorthin trägt, wohin die Winde sie wehen.

DER PAPAGEI

Wissenschaftlicher Name (Ordnung): Psittaciformes

KÖNNEN PAPAGEIEN PUPSEN? NEIN

An dieser Stelle wird die Wissenschaft weniger eindeutig, als es einem vielleicht lieb ist. Wie Sie auf Seite 65 feststellen werden, furzen Vögel nicht. Als wir für diese Veröffentlichung Daten sammelten, wurde uns allerdings allenthalben von pupsenden Papageien berichtet, und etliche Beispiele dieser Tätigkeit finden sich auch im Internet. Was also schließen wir daraus? Nun, Papageien sind bekanntlich sehr gut darin, menschliche und auch tierische Laute nachzuahmen, ja sogar Geräusche wie die eines Fernsehers zu imitieren. Ein Kongo-Graupapagei *(Psittacus erithacus)*, Alex, verfügte über einen Wortschatz von über 100 Vokabeln und konnte wohl diverse Objekte und Farben unterscheiden. Im Jahr 2016 spielte die Staatsanwaltschaft in Michigan sogar mit dem Gedanken, einen Papagei als Zeugen in einer Mordanklage zuzulassen, als dieser die Worte «Nicht schießen» zu wiederholen begann, nachdem sein Besitzer tödlich getroffen worden war. Die Fälle, in denen von pupsenden Papageien berichtet wird, sind also mit sehr hoher Wahrscheinlichkeit «heiße Luft»; Papageien imitieren vermutlich einfach den Klang menschlicher Gasabsonderungen. Etwaige Pupse, die Sie von Papageien hören, entweichen also deren Schnabel und nicht ihrer Kloake!

DAS EINHORN

Wissenschaftlicher Name (mythisch): Monocerus

———— ∞ ————

KÖNNEN EINHÖRNER PUPSEN? JA

Es erscheint nur vernünftig anzunehmen, dass Einhörner – die ja häufig als Pferde mit einem Horn auf der Stirn beschrieben werden – auch wie Pferde (siehe Seite 18) pupsen.

Der Ursprung des Einhorns liegt nicht etwa in der griechischen Mythologie, sondern in der griechischen Naturgeschichte, in der Gelehrte darlegen, dass Einhörner in den Wäldern Indiens leben. Heutzutage scheint es plausibel, dass diese Berichte auf Sichtungen von arabischen Oryxantilopen beruhen, der *Oryx leucoryx;* möglicherweise handelte es sich dabei um einzelne Exemplare, die ein Horn bei Kämpfen verloren hatten. Die Oryx gehört zu den Hornträgern (*Bovidae*, wie auch Kühe, Seite 110), und sie kann pupsen. Man darf also annehmen, dass das Gleiche für Einhörner gelten würde. Andererseits könnte der Einhorn-Mythos auch der Beschreibung einer riesigen eiszeitlichen Nashornart, dem *Elasmotherium*, entsprungen sein, die von Generation zu Generation weiter tradiert wurde; dieses Nashorn trug ein einzelnes großes Horn in der Mitte seines Kopfs. Und da heute lebende Nashörner (siehe Seite 32) reichlich Gase absondern, ist es wahrscheinlich, dass auch die ausgestorbene Art dies tat. Einhörner mögen nicht existieren, aber wenn sie es täten, würden sie also mit Sicherheit pupsen. Die Wissenschaft ist sich nur noch nicht einig, ob diese Pupse aus Regenbogenfarben und Glitzer bestehen würden.

DIE SEEANEMONE

Wissenschaftlicher Name (Ordnung): Actiniaria

―――∞∞∞―――

KÖNNEN SEEANEMONEN PUPSEN? NEIN

Seeanemonen haben keinen After und kein Verdauungssystem im engeren Sinn, so dass man streng genommen auch nicht sagen kann, dass sie pupsen. Sie haben eine Öffnung in ihrem Gastralraum – das Anemonen-Äquivalent zu einem Magen –, wo ihre Nahrung verdaut wird. Diese Öffnung, die Siphonophore, hat eine Doppelfunktion als Mund und After. Unschuldige kleine Tierchen werden in den Tentakeln der Anemone gefangen, die mit stechenden Nesselzellen, den Nematozysten, besetzt sind, und von diesen in den Gastralraum befördert, wo sie verdaut werden.

Die schlechte Nachricht, jedenfalls wenn man Anemonenbeute ist: Die Quälerei ist dann noch nicht zu Ende, denn auch der Gastralraum enthält Nesselfäden, sogenannte Akontien, die Enzyme absondern, um die Nahrung aufzuschlüsseln. Auf diese Weise können Anemonen ihre Nahrung innerhalb von nur 15 Minuten verdauen. Alle für die Anemone unverdaulichen Nahrungsteile wie Muschelschalen oder Knochen werden durch den Mund (oder After, je nachdem, wie man es betrachten möchte) wieder ausgeschieden. Wird eine Seeanemone bedroht, schleudert sie zu ihrer Verteidigung ihre Akontien aus der Siphonophore, um ihre Angreifer zu stechen und zu vertreiben. Bedauerlicherweise wird dazu kein Gas verwendet, sonst wäre das ein Furz der Superlative: lautlos, aber tödlich.

DIE WEBSPINNE

Wissenschaftlicher Name (Ordnung): Araneae

※

KÖNNEN SPINNEN PUPSEN? KEINER WEISS ES

Spinnenflatulenz ist seltsamerweise ein wenig behandeltes Thema in der wissenschaftlichen Literatur, einige Schlüsse lassen sich aber aus dem Verdauungssystem der Spinnen ziehen: Spinnen verdauen größtenteils außerhalb ihres Körpers, indem sie der Beute erst Gift aus ihren Fangzähnen injizieren und dann mit Verdauungsenzymen angereichertes Sputum durch die Bisswunden in den Körper der Beutetiere einbringen. Dann warten sie. Bis die Verdauungssäfte die Zellen innerhalb des Exoskeletts oder, in manchen Fällen, der Haut ihrer Beute aufgespalten haben. Daraufhin saugen die Spinnen die flüssige Leckerei durch ihr Maul in den Magen, würgen sie wieder hoch und verzehren sie abermals. Das passiert noch einige Male, weil das Spinnen-Verdauungssystem nur Flüssigkeiten bewältigen kann – also bloß keine Klümpchen! Die Wahrscheinlichkeit ist recht hoch, dass Spinnen während dieses Prozesses Luft schlucken – eine der Grundvoraussetzungen für Furzfähigkeit.

Sobald die Spinnen alle Nährstoffe aus der Flüssigkeit aufgenommen haben, wandert die Nahrung weiter in die Kottasche, wo ihr alle Feuchtigkeit entzogen wird, bevor der Rest als Abfallstoff ausgeschieden wird. Da die Kottasche Bakterien enthält, die die Spinnennahrung noch weiter zersetzen, scheint es plausibel, dass während dieses Vorgangs Gas entsteht; es besteht also durchaus die Möglichkeit, dass Spinnen pupsen. Bis dato gibt es hierzu allerdings keine Forschungsarbeiten; die Wahrheit bleibt also im Dunkeln, bis dringend benötigte Fördermittel bereitgestellt werden.

DAS NASHORN

Wissenschaftlicher Name (Familie): Rhinocerotoidea

—∞∞∞—

KÖNNEN NASHÖRNER PUPSEN? JA

Es gibt heute fünf lebende Arten; das Spitzmaul- *(Diceros bicornis)* und das Breitmaulnashorn *(Ceratotherium simum)* aus Afrika und die weniger bekannten asiatischen Nashörner: das Indische Panzernashorn *(Rhinoceros unicornis)*, das Java-Nashorn *(Rhinoceros sondaicus)* und das Sumatra-Nashorn *(Dicerorhinus sumatrensis)*. Wie Pferde (siehe Seite 18) sind Nashörner Enddarmfermentierer, was bedeutet, dass sie fortwährend Pflanzenmaterial mümmeln, das erst am Ende ihres Verdauungstraktes aufgeschlüsselt und zersetzt wird, wenn es Magen und Dünndarm bereits passiert hat. Da Nashörner deutlich größer sind als Pferde, produzieren sie auch wesentlich größere Gasmengen. Wenn man sich im afrikanischen Busch in der Nähe von Nashörnern aufhält, hört man sie für gewöhnlich häufig, laut und langanhaltend furzen, während sie grasen. Nashornfürze stinken auch erbärmlich; so entsetzlich, dass sie sogar als Fachbegriff in die Brauterminologie eingegangen sind: Wenn die Hefe bei der alkoholischen Gärung Schwefelwasserstoff produziert, entsteht ein grauenhafter Schwefelgestank, der unter englischsprachigen Hobbybrauern als «rhino fart», also Nashornfurz, bekannt ist.

Leider gibt es heutzutage viel weniger Nashornfürze als früher, weil eine immense Anzahl aller fünf Arten ihrer Hörner wegen getötet wurde. Das Sumatra-, das Java- und das Spitzmaulnashorn wurden inzwischen sogar als vom Aussterben bedrohte Arten eingestuft. Vom Sumatra- und Java-Nashorn leben nur noch weniger als je 250 Exemplare in freier Wildbahn.

DER ELEFANT

Wissenschaftlicher Name (Familie): Elephantidae

———◦◦◦———

KÖNNEN ELEFANTEN FURZEN? JA

Es gibt zwei Elefantenarten, den Afrikanischen *(Loxodonta africana)* und den Asiatischen Elefanten *(Elephas maximus)*. In einigen Teilen Asiens werden Elefanten gezähmt und als Arbeitstiere genutzt, um zum Beispiel schwere Lasten zu befördern. Wie man sich bei so riesigen Tieren unschwer vorstellen kann, produzieren sie unglaublich beißend riechende Fürze von enormer Lautstärke. Deshalb haben die Menschen, die mit den Elefanten arbeiten – die Mahut –, ein Mittel gefunden, besonders aufdringliche Elefantenflatulenz zu behandeln: Sie füttern sie mit Reis und gegrilltem Knoblauch, auch wenn bis heute nicht klar ist, wie und weshalb diese Mischung wirkt.

In der Wildnis verbringen Elefanten den größten Teil ihrer Zeit damit, Grünzeug von eher minderer Qualität zu äsen, das reich an Zellulose und besonders schwer verdaulich ist. Elefanten sind wie Nashörner (Seite 32) und Pferde (Seite 18) Enddarmfermentierer und besitzen deshalb einen besonders langen Verdauungstrakt, der von zahlreichen Mikroorganismen besiedelt ist, die helfen, schwer Verdauliches wie Baumrinde aufzuspalten. Das ist übrigens einer der Gründe, weshalb Elefanten so elefantös werden konnten: Ihr Verdauungssystem befördert – anders als bei Wiederkäuern, deren Nahrung lange im Magen verbleibt – Futter gleich bis in den Dickdarm; es durchläuft ihren Körper also wesentlich schneller. Die Fermentation im Enddarm bewirkt somit, dass Tiere deutlich größere Futtermengen bewältigen können und infolgedessen auch eine deutlich umfangreichere Körpergröße erreichen. Man kann es also dem extrem gashaltigen Verdauungssystem zuschreiben, dass diese erstaunlichen Tiere heute auf dem Erdball leben.

DIE BARTAGAME

Wissenschaftlicher Name (Gattung): Pogona

———— ❧ ————

Können Bartagamen pupsen? Ja

Bartagamen *(Pogona)* sind eine Gattung der Schuppenkriechtiere oder Echsen, die aus Zentralaustralien stammen. Ihr Territorialverhalten ist stark ausgeprägt; Konkurrenten werden abgewehrt, indem die Agamen beider Geschlechter ihren sogenannten Bart aufstellen (es handelt sich um einen Hautlappen unterm Kinn, den sie aufblähen, um ihre Aggressionsbereitschaft zu zeigen). Sie sind beliebte Haustiere, insbesondere die Streifenköpfige Bartagame *(Pogona vitticeps)*.

Bartagamen können hörbar furzen, meist begleitet von Kotabsonderung; dieses Verhalten zeigen sie besonders häufig, wenn sie im Wasser liegen. Zahlreiche Halter berichten, dass die Vivarien (die Behälter, in denen zahme Reptilien gehalten werden) nach solchen anfallsartigen Entladungen der Bartagamen besonders streng riechen.

In der freien Wildbahn haben diese Allesfresser eine ausgesprochen abwechslungsreiche Diät, von kleinen Echsen, Insekten und Säugern über Früchte bis hin zu Blüten. Um größere Beutetiere zu betäuben, nutzen sie ein mildes Gift, das für Menschen aber harmlos ist. In Gefangenschaft werden sie meist mit unterschiedlichen Früchten und Gemüsesorten gefüttert, ergänzt durch Insekten. Manche Bartagamenbesitzer bezeugen, dass Butternusskürbis zu besonders fiesen Fürzen führt.

DER GEPARD

Wissenschaftlicher Name (Art): Acinonyx jubatus

⸻

KÖNNEN GEPARDE PUPSEN? JA

Geparde sind als die schnellsten Landtiere der Erde bekannt. Diese gefleckte Wildkatzenart war ursprünglich in ganz Afrika und auf der Arabischen Halbinsel bis nach Indien zu finden. Heute ist der Gepard auf etwa zehn Prozent seines ursprünglichen Verbreitungsgebiets in Afrika und die Wüstengebiete des Zentraliran beschränkt, mit lediglich 6.700 geschätzten Exemplaren, die noch in freier Wildbahn leben.

Die Geparden-Diät besteht, wie bei anderen Katzen (siehe Hauskatze, Seite 93), Löwen (Seite 42), Luchsen (Seite 90) und Schneeleoparden (Seite 109), ausschließlich aus Fleisch – Geparden erbeuten hauptsächlich Antilopenarten wie Gazellen oder Impala. Wer große Mengen an Fleisch zu sich nimmt, produziert auch hohe Konzentrationen an Fäulnisgasen, die zu besonders beißend riechenden Fürzen führen. Eine Studie zur Verdauung der Geparden hat ergeben, dass die unverdaulichen tierischen Bestandteile wie Knorpel, Knochen und Kollagen in der Nahrung eine besonders wichtige Rolle bei der Vergärung im Darm des Gepards spielen. Indem sie der Darmflora eine größere Besiedelungsfläche bieten, kann der Gärungsprozess verstärkt werden, so dass mehr Gas produziert wird – und in der Folge vermutlich auch mehr Fürze.

DAS ZEBRA

Wissenschaftlicher Name (Gattung): Equus

~∞∞~

KÖNNEN ZEBRAS PUPSEN? JA

Es gibt heute drei lebende Zebraarten: das Steppenzebra *(Equus quagga)*, das Grevyzebra *(Equus grevyi)* und das Bergzebra *(Equus zebra)*. Zebras sind für ihr charakteristisch schwarzweiß gestreiftes Fell bekannt; Wissenschaftler haben zahlreiche Theorien unterbreitet, weshalb sie diese markante Zeichnung entwickelt haben. Eine davon besagt, dass sie mit den Streifen im lichten Schatten gut getarnt sind; wahrscheinlicher ist, dass die Tiere ihre Jäger damit auf der Flucht verwirren. Innerhalb einer Art können Einzeltiere einander an ihren Streifenmustern erkennen; man kann also annehmen, dass sie in einem gewissen Ausmaß auch der Identifikation dienen. Erst kürzlich hat man herausgefunden, dass diese Streifen auch Stechfliegen abschrecken.

Es ist unklar, was der treibende Faktor bei der Streifenevolution war, aber offensichtlich ist die schwarzweiße Färbung dem Zebra in vielerlei Hinsicht hilfreich. Wie Sie vielleicht bemerkt haben, gehört das Zebra zur gleichen Gattung wie das Hauspferd (Seite 18), *Equus*, und beide Spezies haben ähnliche Pupsgewohnheiten. Zebrafürze kann man weithin über die Steppen Afrikas hören, für gewöhnlich dann besonders deutlich, wenn die Tiere aufgeschreckt werden und losgaloppieren – die plötzliche Bewegung treibt die Darmgase aus ihrem Körper und sie furzen dann laut hörbar mit jedem Satz.

DER DINOSAURIER

Wissenschaftlicher Name (Taxon): Dinosauria

—◆◆◆—

KÖNNEN DINOSAURIER PUPSEN? NICHT MEHR

Die Dinosaurier waren eine sehr artenreiche Gruppe von Reptilien, die die Erde vor etwa 243 bis 231 Millionen Jahren bevölkerten, bevor ein Massentod die meisten Arten aussterben ließ. Vögel sind direkte Nachfahren der gefiederten Saurier, und wie wir wissen, furzen Vögel nicht (Seite 65). Es ist also anzunehmen, dass auch Dinosaurier, oder jedenfalls die Arten, von denen die Vögel abstammen – die *Maniraptora* –, nicht furzten. Allerdings ließ eine andere Gruppe von Dinosauriern, die Sauropoden, mit großer Sicherheit regelmäßig einen fahren. Wie die großen Pflanzenfresser heute ernährten sie sich ausschließlich von Grünzeug, und ihre schiere Körpergröße lässt annehmen, dass sie auch ein ähnliches Verdauungssystem hatten – eines, das Fermentation im Enddarm nutzte, um die Zellulose in der Nahrung zu zersetzen. Mit großer Wahrscheinlichkeit war der Darm der Sauropoden von methanogenen Bakterien besiedelt, die ihnen halfen, genug Energie aus ihrer Nahrung zu gewinnen. Eine Studie legt nahe, dass ein Dino täglich bis zu 1,9 Kilogramm Methan in die Atmosphäre pupste!

Es ist allerdings schwierig festzustellen, welche Bakterien genau sich im Verdauungstrakt dieser Tiere aufhielten, schließlich sind sie vor über 66 Millionen Jahren ausgestorben. Eines steht fest: Saurier furzen definitiv nicht mehr.

DER LÖWE

Wissenschaftlicher Name (Art): Panthera leo

—⚉—

KÖNNEN LÖWEN PUPSEN? JA

Der Löwe *(Panthera leo)* ist – jedenfalls im englischen Sprachbereich – als König des Dschungels bekannt, obwohl Löwen, anders als es dieser Ehrentitel suggeriert, hauptsächlich die Savannen, Steppen und Trockenwälder Afrikas und Indiens bewohnen. Den Löwenanteil an der Jagd übernehmen die Weibchen – und nicht etwa die Männchen; manche Studien legen sogar nahe, dass die Weibchen in einem Rudel bis zu 90 Prozent der Beute erlegen. Währenddessen schlafen die Männchen etwa 20 Stunden am Tag! Löwen sind wie andere Katzen echte Fleischfresser, was bedeutet, dass sie sich ausschließlich von Fleisch ernähren. Wie berichtet wird, ist das ein sicheres Rezept für besonders streng riechende Fürze. In der Wildnis werden Löwen 10 bis 14 Jahre alt, wobei die Weibchen länger leben als die Männchen. In Gefangenschaft werden Löwen bis zu 30 Jahre alt, und ihre Flatulenzattacken werden mit dem Alter wohl immer häufiger.

Löwen haben aber noch eine andere zum Himmel stinkende Angewohnheit: Wenn sie ihr Revier markieren, versprühen sie Urin und verreiben ihre Exkremente, um deutlich zu machen, was ihnen gehört. Löwenmännchen können ihren Urin bis zu drei Meter weit spritzen – wenn scharfe Krallen und Zähne nicht schon ausreichen würden, wäre das ein Grund mehr, Abstand zu ihnen zu halten!

DER GOLDFISCH

Wissenschaftlicher Name (Art): Carassius auratus

KÖNNEN GOLDFISCHE PUPSEN? NEIN

Seit ihrer Domestizierung vor fast 1.000 Jahren sind Goldfische unglaublich beliebte Haustiere geworden; über 30 Millionen von ihnen werden allein in Großbritannien gehalten. Im Alten China hielt man sich Karpfen als Nahrungsmittel, und gelegentlich wurden diese durch eine Zufallsmutation gelb oder orangefarben geboren. Erste Aufzeichnungen über diese «goldenen» Fische stammen aus dem Jahr 975 n. Chr. Sie wurden als Glücksbringer angesehen, und schon 1240 begannen die Menschen, sie zu dekorativen Zwecken zu züchten. Heute gibt es 300 verschiedene Goldfischzüchtungen, und es ist der beliebteste Fisch, den die Leute sich als Haustier halten.

Dennoch beobachten Halter ihre Goldfische höchst selten dabei, wie sie einen fahren lassen. Obwohl diese Fischart Gas produzierende Darmbakterien aufweist, stoßen sie Luft viel häufiger auf, als sie durch den After auszustoßen. Man vermutet, dass Letzteres nur sehr selten vorkommt, weil die Verdauungsgase in die Kotpillen eingeschlossen werden, die zusätzlich von Schleim umhüllt sind. Wenn Sie also furzende Fische besitzen, haben die vielleicht ein Verdauungsproblem!

DIE TERMITE

Wissenschaftlicher Name (Teilordnung): Isoptera

⚬⚬⚬⚬

Können Termiten pupsen? Ja

Termiten pupsen viel; oder, besser gesagt, Termiten pupsen und es gibt viele – das Gesamtgewicht dieser Insekten auf dem ganzen Erdball ist zum jetzigen Zeitpunkt höher als das aller Menschen. Termitenpupse sind eine Quelle für Methan in der Atmosphäre, ein Gas, das wesentlich am Klimawandel beteiligt ist; jede Termite produziert rund ein halbes Mikrogramm Methan täglich (also die Hälfte von einem Millionstel Gramm!). Das mag auf den ersten Blick nicht viel erscheinen, aber es summiert sich rasch: Termiten sind einer der erfolgreichsten Organismen auf diesem Planeten und sie haben Kolonien auf jedem Kontinent außer der Antarktis, mit Koloniengrößen von bis zu einer Million Einzeltieren (abhängig von der Art). Man denkt, dass sie zwischen 0,7 und 7 Prozent der natürlichen Methanemissionen jährlich produzieren (das sind etwa 0,3 bis 3 Prozent der Gesamt-Methanemissionen) – ein beeindruckender Beitrag von so kleinen Tierchen! Wenn man dann noch bedenkt, dass Termiten sich vor über 100 Millionen Jahren entwickelt haben, haben sie seit ihrer Entstehung schon eine ganze Menge Methan in die Atmosphäre geblasen. Im Vergleich dazu machen anthropogene Effekte durch Landwirtschaft, Verbrennung fossiler Brennstoffe und Abfallentsorgung etwa die Hälfte der jährlichen Gesamt-Methanemissionen aus, wir können die globale Erwärmung also nicht wirklich auf die Termiten schieben: Die geht auf unsere Kappe.

Und trotzdem können Termiten nicht einfach machen, was sie wollen, wenn es ums Pupsen geht: Einer ihrer Feinde, die Larve der Perlen-Florfliege, legt seine Opfer mit giftigen Fürzen lahm (siehe Seite 16).

DER WAL

Wissenschaftlicher Name (Teilordnung): Cetacea

꙯

KÖNNEN WALE PUPSEN? JA

Wie man sich vorstellen kann, sind Walfürze gewaltig. Der Blauwal, *Balaenoptera musculus*, das derzeit größte Tier auf dem Planeten, stößt das vermutlich größte Gasvolumen (pro Furz) von allen existierenden Arten aus. Wale haben ein ihrer Körpergröße entsprechendes Verdauungssystem, das mehrere Magenabschnitte aufweist, die – im Falle des Blauwals – zusammengenommen bis zu einer Tonne Nahrung aufnehmen können (also genug Patz für Jona, auch wenn der gar nicht durch die Speiseröhre des Wals gepasst hätte). Die Magenabschnitte sind vollgepackt mit Bakterien, die die Nahrung – Plankton im Falle der Bartenwale und Fische bei Zahnwalen – aufschlüsseln und dabei reichlich Gase produzieren.

Wenn man sich ihre Größe vor Augen führt, sind Walfürze erstaunlich flüchtig und überhaupt erst wenige Male festgehalten worden. Forscher, die in den Abwind einer Wahlflatulenz geraten sind, berichten von einer unglaublich beißenden Geruchsentwicklung. Es kann aber noch schlimmer kommen: Furzattacken sind nicht die einzigen Gelegenheiten, bei denen Wale Menschen gewissermaßen mit heißer Luft kalt erwischt haben. Wenn Wale sterben, werden sie oft an Strände gespült, wo sie rasch zu verwesen beginnen. Bei diesem Vorgang entstehen riesige Gasmengen in den toten Walkörpern, die, wie man weiß, explodieren können. Bei einem Vorfall 2004 in Taiwan explodierte ein Kadaver, als er gerade durch das Zentrum von Tainan transportiert wurde; dabei ging eine Dusche von halbverwesten Walinnereien auf nahestehende Gebäude und Zaungäste nieder.

DER KAFFERNBÜFFEL

Wissenschaftlicher Name (Art): Syncerus caffer

KÖNNEN KAFFERNBÜFFEL PUPSEN? JA

Kaffernbüffel (auch Afrikanische Büffel oder Steppenbüffel) gehören zu den größten Arten der Wiederkäuer: Ein ausgewachsener Büffel kann bis zu 1.000 Kilogramm wiegen. Kaffernbüffel ernähren sich hauptsächlich von Gras, das schwer zu verdauen ist und in großen Mengen gefressen werden muss, um einem so großen Tier ausreichend Energie zu liefern. Wie Kühe haben sie vier Mägen und produzieren eine ansehnliche Menge an mächtigen Fürzen und Rülpsern – eine Studie hat ergeben, dass sie bis zu 318 Liter Gas täglich produzieren, also genug, um eine große Tiefkühltruhe zu füllen. Da Büffel in Herden von bis zu 1.000 Tieren leben, sind das eine ganze Menge Fürze!

Allerdings ist das nicht die beängstigendste Eigenschaft von Kaffernbüffeln; sie haben ein imposantes Gehörn, das sie – zusammen mit ihrer beeindruckenden Körpermasse – zu einem furchteinflößenden Gegner für jeden Möchtegernjäger macht. Ausgewachsene Büffel werden infolgedessen nur von sehr wenigen Arten gejagt – nämlich von Löwen (Seite 42), Krokodilen und, sehr selten, von besonders unerschrockenen Hyänenrudeln (Seite 88). Mit ihrem unberechenbaren Verhalten (insbesondere von männlichen Tieren) und der angesichts ihrer Größe erstaunlichen Fähigkeit, sich in Baumgruppen oder Buschwerk zu verstecken, können Büffel auch Menschen gefährlich werden. Gelegentlich wird man Gott sei Dank durch vorn und hinten lautstark entweichende Winde davor gewarnt, dass sich ein Büffel in der Nähe aufhält.

DIE WANDERRATTE

Wissenschaftlicher Name (Art): Rattus norvegicus

KÖNNEN WANDERRATTEN PUPSEN? JA

Die Wanderratte, *Rattus norvegicus*, stammt vermutlich aus Asien, wurde aber durch den Menschen auf allen Kontinenten außer der Antarktis verbreitet. Sie ist die wilde Stammform der sogenannten Farbratte, die als Haustier gehalten wird. Farbratten wurden ursprünglich im 18. und 19. Jahrhundert für Tierkämpfe gezüchtet – die Leute setzten darauf, wie lang ein Terrier brauchen würde, um die Ratten im Ring zu töten. Schließlich begannen die Menschen (wie auch der Rattenfänger am Hof von Queen Victoria, Jack Black), die Ratten speziell um ihrer interessanten Fellfärbungen willen zu kreuzen. So entstanden die Farbratten, die wir heute als Haustiere kennen und lieben.

Sie mögen bereits bei den prüden Viktorianern beliebt gewesen sein, aber Ratten furzen, und zwar regelmäßig, was die menschliche Nase eindeutig riechen kann – besonders dann, wenn Ratten auf ihren Besitzern pupsen, was sie häufig und gern tun. Da gewinnt die Redensart «Mit jedem Furz kommt sie zu mir gelaufen» eine zusätzliche Dimension. Eine Studie zur Darmgasproduktion bei Laborratten hat ergeben, dass sich die Flatulenzfrequenz bei Ratten deutlich erhöht, wenn man sie mit Bohnen füttert – ganz wie bei Menschen, nur in kleinerem Maßstab. Das liegt daran, dass Bohnen eine hohe Konzentration an Oligosacchariden aufweisen, einer Zuckerart, die das Verdauungssystem von Ratten (und Menschen) nur schlecht aufgeschlüsselt bekommt, so dass bei diesem Vorgang viel Gas erzeugt wird.

DER HONIGDACHS

Wissenschaftlicher Name (Art): Mellivora capensis

KÖNNEN HONIGDACHSE PUPSEN? JA

Der Honigdachs, auch als Ratel bekannt, ist für seine Intelligenz und sein Angst einflößendes Auftreten berühmt-berüchtigt. Honigdachse gehören zu den furchtlosesten Tieren überhaupt, sie sind bekannt dafür, sogar so große Tiere wie Löwen (Seite 42) oder gar Büffel (Seite 48) in die Flucht zu schlagen. Die Raubtierart frisst alles: Honig (klar), Lurche, Echsen, Beeren, Vögel, Eier, Insekten, Aas und sogar Giftschlangen.

Honigdachse sind an ihren riskanten Lebensstil sehr gut angepasst; sie besitzen scharfe Grabkrallen, mächtige Kiefer mit spitzen Zähnen und eine unglaublich dicke Haut, die sie außerordentlich unempfindlich und schwer verletzbar macht. Eine andere, weniger bekannte Waffe in ihrem Arsenal sind ihre höchst wirkungsvollen Afterdrüsen. Der Honigdachs nutzt diese Stinklöcher, um sein Revier zu markieren, aber auch, um sich seine Lieblingsspeise zu sichern: Honig. Der Geruch aus diesen Drüsen ist so streng, dass der Dachs ihn nutzt, um die Bienen in ihrem Nest außer Gefecht zu setzen … Nach einer Honigdachsattacke findet man die Bienen wohl häufig in einer Ecke zusammengedrängt, möglichst weit weg von dem beißenden Geruch. Gerüchte besagten einst, dass der Gestank so heftig sei, dass er einen ganzen Bienenstock ausrotten könne! Das hat sich aber als falsch erwiesen. Obwohl Honigdachse also tatsächlich pupsen (und man sagt, dass auch ihre Pupse recht potent sind), ist das definitiv nicht ihre geruchsintensivste Eigenart.

DIE GIRAFFE

Wissenschaftlicher Name (Gattung): Giraffa

---—∞∞—---

KÖNNEN GIRAFFEN PUPSEN? JA

Ursprünglich dachte man, es gebe nur eine Giraffenart; in einer 2016 durchgeführten Studie zur Giraffengenetik wurden aber mindestens vier eigene Arten identifiziert, die gemeinhin an ihrer jeweils einzigartigen Fellzeichnung unterschieden werden können.

Giraffen sind die größten aller Wiederkäuer; der größte Giraffenbulle, der jemals gemessen wurde, ragte fast sechs Meter hoch, und die Tiere können bis zu 1.100 Kilogramm schwer werden. Ihre Größe bringt es mit sich, dass sie riesige Mägen haben, die mit Mikroorganismen vollgestopft sind, die sich darauf spezialisiert haben, pflanzliches Material zu zersetzen; während dieses Prozesses werden große Mengen Darmgas erzeugt. Es ist allerdings unwahrscheinlich, dass sie unter den Wiederkäuern die meisten Gase produzieren, weil sie sehr wählerische Esser sind: Sie äsen nur Leichtverdauliches wie Früchte und Blüten, am liebsten von Akazien-Arten. Das heißt auch, dass ihre Verdauung insgesamt schneller vonstattengeht als bei etlichen anderen Wiederkäuern, wie zum Beispiel dem Kaffernbüffel (Seite 48), und dass deshalb weniger Zeit zur Verfügung steht, in der überhaupt Gas produziert werden kann. Dennoch haben Giraffenfürze – wie die Abgase der meisten Wiederkäuer – einen typisch strengen Geruch. Das stört die Giraffen aber vermutlich herzlich wenig, wenn man bedenkt, wie weit ihre Nasenlöcher von ihren Hinterteilen oder denen anderer Artgenossen entfernt sind! – Die Evolution ist doch eine wunderbare Sache.

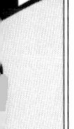

DER STREIFENSKUNK

Wissenschaftlicher Name (Art): Mephitis mephitis

KÖNNEN SKUNKE PUPSEN? JA

Skunke, im Volksmund nicht umsonst als Stinktiere bezeichnet, sind wohlbekannt dafür, dass sie von allen Tierarten am stärksten stinken. Der Streifenskunk, *Mephitis mephitis*, ist eine der zwölf Arten in der Gruppe der *Mephitis* (Skunke) und kommt in ganz Kanada, den Vereinigten Staaten und Nordmexiko vor. Skunke ernähren sich abwechslungsreich – hauptsächlich von Insekten, aber auch von Kleinsäugern, Lurchen, Echsen, Beeren, Nüssen, Wurzeln, und manche Küstenpopulationen sogar von Fischen und Krebsen. Skunke, die in städtischen Gebieten leben, ergänzen ihre Diät um Abfälle, was nach einem guten Rezept für besonders fiese Fürze klingt.

Der ekelerregende Gestank, für den Skunke berüchtigt sind, ist allerdings nicht flatulenzbedingt. Skunke haben seitlich an ihrem After zwei mit einer widerlich stinkenden Flüssigkeit gefüllte Drüsen; darin sind schwefelhaltige Chemikalien, sogenannte Thiole, enthalten. Zwei kräftige Muskeln schießen diese Flüssigkeit aus dem Tier, wenn es bedroht wird; es kann dabei bis zu drei Meter weit spritzen. Der Gestank ist so überwältigend, dass menschliche Nasen ihn bis zu eine Meile weit riechen können. Es ist eine sehr effektive Verteidigungsstrategie gegen potentielle Jäger: Nur sehr wenige Tiere greifen Skunke an und fressen sie, wobei ein paar wenige Raubvögel wie der Virginia-Uhu listig genug sind, sich einen Skunk zu krallen und dabei nicht von ihm besprüht zu werden. Es ist also empfehlenswert, einem Skunk – auch wenn die Fachliteratur nahelegt, dass Skunke pupsen – gar nicht erst so nahe zu kommen, dass man seine Pupse erschnuppern könnte!

DER ROTFUCHS

Wissenschaftlicher Name (Art): Vulpes vulpes

KÖNNEN FÜCHSE PUPSEN? JA

Der Rotfuchs *(Vulpes vulpes)* ist von allen fleischfressenden Arten am weitesten verbreitet; Rotfüchse kommen auf der gesamten Nordhalbkugel vor, vom Nördlichen Polarkreis bis hinunter nach Nordafrika. Rotfüchse wurden sogar nach Australien eingeschleppt, wo sie bedauerlicherweise eine der invasiven Arten (Neozoen) stellen, die große Probleme bereitet; sie fressen verschiedene seltene Vogel- und Säugetierarten. Als Mitglieder der Familie der Hunde lassen Füchse regelmäßig einen fahren, was zu den diversen geruchsintensiven Eigenschaften dieser Tiere nur eine weitere hinzufügt. Füchse markieren ihr Revier nämlich mit einer Kombination aus Stinkdrüsensekret und durchdringend riechendem Urin. Viele Füchse leben in Stadtgebieten Seite an Seite mit den Menschen und markieren auch dort Gärten und Straßen mit ihrem Urin und ihren Fäkalien. Während Menschen das eher abstoßend finden, übt diese Angewohnheit eine starke Anziehungskraft auf Haushunde (Seite 82) aus, die sich, sehr zum Missfallen ihrer Besitzer, gern in dieser Geruchsmischung wälzen. Ein weiterer Schlag für Hundehalter sind die Parasiten, mit denen Füchse sich den Magen verderben und die für explosive Flatulenzattacken sorgen … Gelegentlich werden diese auf Haushunde übertragen und sind dort für die gleichen unglaublich stinkenden Symptome verantwortlich.

DAS FRETTCHEN

Wissenschaftlicher Name (Art): Mustela putorius furo

KÖNNEN FRETTCHEN PUPSEN? JA

Das Frettchen ist eine domestizierte Unterart des Europäischen Iltis, *Mustela putorius*, der wiederum zu den Mardern *(Mustelidae)* gehört, die in Europa und Nordafrika heimisch sind. Frettchen wurden ursprünglich gezähmt, um Jagd auf Kaninchen und kleine Nager zu machen, weil ihre langen, dünnen Körper perfekt in Kaninchenbaue und andere Erdlöcher passen. Die Römer brachten sie im ersten Jahrhundert mit nach England, aber als Haustiere wurden sie erst in den 1960er Jahren beliebt. Frettchen furzen, was einer Art, deren wissenschaftlicher Name «zorniges stinkendes Wiesel» bedeutet, nur angemessen ist; allerdings rührt ihr Name nicht daher. Frettchen besitzen Afterdrüsen, die einen sehr strengen Geruch produzieren – häufig werden sie bei Haustieren entfernt, damit diese nicht allzu heftig stinken. Dieser Geruch wird nur noch durch die beißenden Pupswolken übertroffen, die Frettchen regelmäßig ausstoßen, insbesondere, wenn sie ihren Kot absetzen oder gestresst sind. Häufig überraschen sie sich selbst mit ihren Fürzen; Besitzer berichten, dass ihre Haustiere oft ganz verdutzt in Richtung ihres Hinterteils blicken, nachdem sie hörbar einen haben fahren lassen. Wenn Frettchen sich erschrecken, geben sie gemeinhin einen Schrei von sich, plustern sich auf und furzen und kacken gleichzeitig. Und manche Menschen lassen doch tatsächlich ihre Frettchen sich in ihrem Hosenbein verstecken …

DER SEEHUND UND
DER SEELÖWE

Wissenschaftlicher Name (Taxon): Pinnipedia

———⚍———

KÖNNEN SEEHUNDE PUPSEN? JA

Das Taxon *Pinnipedia*, besser bekannt als Robben, umfasst alle Arten von Seehunden, Seelöwen und Walrossen. Es existieren heute 33 Robbenarten weltweit, 15 Arten, die den Ohrenrobben und Seelöwen zuzuordnen sind *(Otariidae)*, 17 Arten von Hundsrobben *(Phocidae)* und das Walross, das das einzige rezente Mitglied der Familie der *Odobenidae* ist. Alle Arten ernähren sich von Unmengen Fisch und etliche Arten zusätzlich von wirbellosen Meerestieren wie Krebsen. Das ist ein bombensicheres Rezept für Unmengen von mächtigen, nach Fisch stinkenden Fürzen (im Fall von Seeleoparden riechen sie sogar nach Pinguin). Zoowärter berichten, dass Seelöwen die mit Abstand übelriechendsten Fürze in der gesamten Tierwelt produzieren. Wenn man sich in oder in der Nähe einer Seehund- oder Seelöwenkolonie aufhält, kann der fischige Geruch unglaublich stark sein: Das ist zumindest teilweise auf die tierischen Blähungen zurückzuführen, die sich hörbar entladen und häufig von zahlreichen, genauso nach Fisch riechenden Rülpsern begleitet werden.

Alle Robbenarten leben im und am Wasser, und wenn man sie im Wasser beobachtet, kann man oft sehen, wenn sie einen fahren lassen. Forscher, die nahe an Seehundkolonien ihr Lager aufschlagen, haben sogar berichtet, dass die lautstarken Seehundfürze einen nachts wachhalten können – was die Autoren dieses Tierführers auf jeden Fall bestätigen können.

DAS HAUSMEERSCHWEINCHEN

Wissenschaftlicher Name (Art): Cavia porcellus

⊶⊷

KÖNNEN MEERSCHWEINCHEN PUPSEN? JA

Hausmeerschweinchen wurden ungefähr 5000 v. Chr. in Südamerika domestiziert; ursprünglich hielt man sie, um sie zu essen, aber als sie im 16. Jahrhundert mit den Seefahrern nach Europa kamen, wurden sie zu beliebten exotischen Haustieren. Wildlebende Arten sind als Eigentliche Meerschweinchen bekannt; das Hausmeerschweinchen kommt in freier Wildbahn nicht vor, und Wissenschaftler sind sich bis heute nicht einig, von welcher Meerschweinchenart sie abstammen; viele sind allerdings der Meinung, dass es sich dabei um das Tschudi-Meerschweinchen, *Cavia tschudii*, handelt.

Heutzutage sind Meerschweinchen unglaublich populär und gehören zu den zehn am häufigsten gehaltenen Haustieren im Vereinigten Königreich. Jeder, der ein Meerschweinchen besitzt oder besessen hat, wird bestätigen, dass sie auf jeden Fall pupsen können, und dass diese Pupse geräusch- und geruchsvoll sein können. Meerschweinchenpupse sind eher hoch und quietschend, so dass sie nicht immer leicht zu unterscheiden sind von den Lautäußerungen, die diese geschwätzig quiekenden Tiere von sich geben, um zu kommunizieren. Gemüse wie Brokkoli oder Blumenkohl und zuckerhaltiges Futter sorgen für die höchste Darmgasentwicklung bei Meerschweinchen; darüber hinaus haben diese kleinen Nagetiere auch im Alter häufiger Blähungen. Zu viele Blähungen sind allerdings ein schlechtes Zeichen, denn wenn die Meerschweinchen dann nicht pupsen können, bekommen sie ernsthafte gesundheitliche Probleme. Wenn Sie also den Eindruck haben, dass es Ihr Meerschweinchen drückt, sollten Sie es am besten zum Tierarzt bringen.

DER GRIZZLYBÄR

Wissenschaftlicher Name (Unterart): Ursus arctos horribilis

———— ⌾ ————

KÖNNEN GRIZZLYBÄREN PUPSEN? JA

«Kackt ein Bär in den Wald?», lautet eine im englischsprachigen Raum wohlbekannte rhetorische Frage, die – wie die Frage, ob Grizzlys pupsen können – entschieden bejaht werden muss. Und ja, der wahrscheinlichste Ort, an dem Grizzlys pupsen, sind Wälder. Grizzlybären sind die nordamerikanische Unterart der Braunbären, die von Alaska über das westliche Kanada bis ins nordwestliche Amerika vorkommt. Wie alle Bären sind Grizzlys Allesfresser; sie jagen andere Tiere – üblicherweise Fische oder kleine Säugetiere –, fressen aber auch Unrat und Aas sowie Pflanzen und Beeren. Eine dermaßen breit gestreute Diät erfordert ein wenig spezialisiertes Verdauungssystem, was bedeutet, dass zum Beispiel schwerverdauliche Pflanzenbestandteile im Kot noch ziemlich genau so aussehen, wie sie zerkaut wurden.

Zu Darmgasproduktion und Furzverhalten bei Grizzlybären sind uns keine Forschungsarbeiten bekannt, wir wissen aber, dass dieser große Bär durch die menschliche Nachfrage nach Gas – Erdgas nämlich – bedroht wird: Zum einen wird sein natürlicher Lebensraum zerstört, zum anderen ist die Sterblichkeit höher, wenn Bären mit den Arbeitern in Konflikt geraten, die diese nicht erneuerbare Ressource fördern.

DIE SEEGURKE

Wissenschaftlicher Name (Klasse): Holothuria

~∞∞∞~

Können Seegurken pupsen? Nein

Es gibt nach derzeitigem Stand 1.717 Arten von Holothurien, auch Seegurken oder Seewalzen genannt. Sie kommen unglaublich häufig vor; in einer Tiefe ab neun Kilometern machen sie 90 Prozent der Makrofauna-Biomasse aus (also der im Boden lebenden Tiere, die nicht mikroskopisch klein sind). Auch wenn Seegurken nicht pupsen können – sie haben ein sehr primitives Verdauungssystem – finden in und um ihren Hinterausgang viele faszinierende Dinge statt. Seegurken atmen mithilfe von etwas, das Wasserlunge genannt wird und in ihrer Kloake (also dem Äquivalent zum After) angesiedelt ist. Manche Seegurkenarten, die in Korallenriffs leben, haben einen interessanten Abwehrmechanismus entwickelt, der direkt mit ihrem Hintern verbunden ist: Wenn sie von potentiellen Jägern bedroht werden, schleudern sie klebrige Schleimfäden aus einem Teil ihres Atemsystems, den sogenannten Cuvier'schen Schläuchen, die am Enddarm sitzen. Diesen Vorgang nennt man Ausweiden. In diesen Fäden können sich Angreifer verfangen, so dass die Seegurke unverletzt entkommen kann.

Der Hintern einer Seegurke mag nicht der attraktivste Platz zum Verweilen sein, doch manche Fische sehen das anders. Einige Arten der sogenannten Eingeweidefische *(Carapidae)* leben tatsächlich in der Kloake und den Wasserlungen von Seegurken, wo sie sicher vor Angreifern sind. Wenn sich ihr Appetit regt, sättigen sie sich, indem sie langsam die Keimdrüsen der Seegurken auffuttern. Das ist zwar ärgerlich für die Seegurke, richtet aber keinen allzu großen Schaden an, weil sie bewundernswerte Regenerationskräfte hat, die es ihr sogar ermöglichen, ihre Geschlechtsorgane wieder nachwachsen zu lassen.

DER VOGEL

Wissenschaftlicher Name (Klasse): Aves

KÖNNEN VÖGEL PUPSEN? NEIN

In der Gruppe der *Aves* finden sich beinahe 10.000 Arten, die auf allen sieben Kontinenten vorkommen und in ihrer Größe vom Vogel Strauß (2,8 Meter) bis zur Bienenelfe (einer Kolibriart, 5 Zentimeter) variieren können. Aber keine von ihnen kann pupsen! Vögel haben einfach nicht die gleichen Gas produzierenden Bakterien in ihrem Darm wie Säugetiere und andere furzfähige Tiere, und die Nahrung durchläuft das Verdauungssystem eines Vogels recht rasch, so dass gar keine Zeit bleibt für die Entwicklung von heißen Lüftchen. Die anatomischen Voraussetzungen sind aber alle vorhanden – es ist also wahrscheinlich, dass sie könnten, wenn sie müssten.

Auch wenn manche Menschen behaupten, schon Vögel furzen gehört oder vielleicht sogar gesehen zu haben (siehe Papagei, Seite 26), gibt es für diese Phänomene andere Erklärungen. Bislang stammt die einzige wissenschaftliche Dokumentation eines möglichen Vogelflatus aus der Arbeit eines Doktoranden an der Cornell University, Alan Richard Weisbrod, der sehr detailliert das Verhalten des Blauhähers *(Cyanocitta cristata)* beschrieb. Er notierte, dass – an einem kalten Dezembertag 1963 – der Kotabsatz eines Vogels, den er im Rahmen seiner Studie beobachtete, von «einem kleinen weißen Gaswölkchen» begleitet war, das «parallel zu dem leicht erhobenen Schwanz nach unten» sank und sich alsbald auflöste. Nach dieser Beobachtung hielt er einige Tage später einen weiteren möglichen Vogelfurz fest. Vermutlich war das aber nur warmer Wasserdampf, der vom Kot aufstieg und in der kühleren Luft für ein sichtbares Dampfwölkchen sorgte.

DAS LAMA

Wissenschaftlicher Name (Art): Lama glama

— ∞∞ —

Können Lamas pupsen? Ja

Man vermutet, dass Lamas um 4000 v. Chr. in den Anden domestiziert wurden und dass sie – betrachtet man die historische Entwicklung der andinen Kulturen – immer schon als Fleisch- und Lasttiere gezüchtet wurden. Heute ist ihre Haltung viel weiter verbreitet; allein in den Vereinigten Staaten werden geschätzt etwa 158.000 Exemplare gehalten.

Lamas sind bekannt für ihr Spucken, das Teil ihres Dominanzverhaltens anderen Tieren gegenüber ist; ein Lama, das ordnungsgemäß aufgezogen wurde, wird aber keine Menschen anspucken. Weniger bekannt ist allerdings, dass Lamas auch pupsen, was vielleicht daran liegt, dass diese Verhaltensweise bei ihnen nicht besonders häufig vorkommt. Lamas gehören wie die Kamele (Seite 96) zu den *Camelidae*, und sie besitzen ein ähnliches Verdauungssystem. Infolgedessen produzieren sie nicht sonderlich viel heiße Luft, und was sie dennoch produzieren, wird meist eher vorn aufgestoßen als hinten ausgestoßen. Lamas, die sich den Magen verdorben haben, sind ein ganz anderes Kapitel; Lamabesitzer berichten, dass dann diverse Blähungen entladen werden. Für die Besitzer ist es ein Glück, dass ein Lamapups nicht besonders streng riecht – das gilt übrigens auch für Lamakacke, die wie Kaninchenköttel (Seite 81) sehr trocken ist.

DAS FAULTIER

Wissenschaftlicher Name (Unterordnung): Folivora

KÖNNEN FAULTIERE PUPSEN? NEIN

Es existieren derzeit sechs verschiedene Faultierarten, die alle in den tropischen Regenwäldern von Zentral- und Südamerika leben. Faultiere heißen so, weil sie einen sehr geruhsamen Lebensstil haben: Nicht nur bewegen sie sich unglaublich gemächlich durch die Bäume, auf denen sie leben, auch ihr Verdauungssystem ist unglaublich langsam. Faultiere verdauen ihre ausschließlich aus Blättern bestehende Nahrung über Tage hinweg. Das hat einen interessanten Nebeneffekt: Studien haben ergeben, dass Faultiere nur sehr unregelmäßig Kot absetzen, in etwa einmal in fünf Tagen. Das wiederum ist wahrscheinlich eine gute Sache, weil Faultiere gemeinhin aus den Baumkronen herunterklettern, um sich zu erleichtern, und dabei auch riskieren, Opfer ihrer Feinde zu werden.

Weil sie nach einer so einseitigen (oder sollen wir sagen: einblättrigen) Diät leben, haben sie, verglichen mit anderen Tieren, auch eine sehr einfache Darmflora, weshalb sie keinerlei Pupse produzieren. Tatsächlich sind Blähungen bei einem Faultier gefährlich und ein Zeichen dafür, dass mit seinem Verdauungssystem oder seiner Ernährung etwas nicht stimmt. Sehr wohl produziert die Darmflora eines Faultiers aber eine ganze Menge Methan; das wird aber nicht über Fürze entsorgt, sondern vom Darm absorbiert und in den Blutkreislauf abgegeben, bevor es dann ausgeatmet wird. Faultiere sind also möglicherweise die einzigen nicht pupsenden Säugetiere; allerdings könnte das auch auf weniger gut untersuchte Arten zutreffen oder auch auf Fledermäuse (Seite 24), deren Furzverhalten immer noch nicht hinreichend geklärt ist.

DER SCHWANZLURCH

Wissenschaftlicher Name (Ordnung): Caudata

Können Lurche pupsen? Vielleicht

Schwanzlurche haben sich vor etwa 200 Millionen Jahren aus anderen Amphibien entwickelt und bislang sind etwa 700 Arten bekannt. Obwohl sie eine lange Geschichte haben und auch sehr weit verbreitet sind, hat nach unserem Kenntnisstand niemand jemals einen Lurchpups gehört – aber das heißt ja nicht, dass man nicht spekulieren dürfte.

Der Schließmuskel der Schwanzlurche ist vermutlich wie bei anderen Amphibien (siehe Frosch, Seite 77) nicht stark genug, um ausreichend Druck für einen unverkennbaren Flatus ausüben zu können. Allerdings hat man bei einer Molchart, dem Großen Armmolch *(Siren lacertina)*, Gärkeime im Darm gefunden, die die Verdauung von Pflanzenmaterial unterstützen und die für einen Lurchpups notwendigen gasförmigen Komponenten liefern könnten. Außerdem ist es unter Schwanzlurchen üblich, sich gegen mögliche Angreifer zu verteidigen, indem man auf sie kotet; viele Wissenschaftler, die diese Amphibien erforschen, wissen aus eigener Erfahrung, dass Lurchkot einen erstaunlich wirkungsvollen Begleitgestank aufweist. Im Osten der Usa sind manche Salamanderpopulationen so groß, dass ihr Gesamtgewicht das von allen Säugetieren und Vögeln im gleichen Gebiet übersteigt, obwohl jeder Salamander für sich nur ein paar Gramm wiegt! Wenn Sie also das nächste Mal einen Spaziergang durch die Wälder machen, können Sie sich daran erfreuen, dass im Boden unter Ihren Füßen vielleicht gerade Hunderte von Lurchen still vor sich hin pupsen.

DER SCHIMPANSE

Wissenschaftlicher Name (Art): Pan troglodytes

KÖNNEN SCHIMPANSEN PUPSEN? JA

Schimpansen sind die dem Menschen ähnlichsten Lebewesen. Nicht nur sind 98 Prozent ihrer DNA identisch mit unserer, sie gleichen uns auch in ihrer Fähigkeit zu pupsen; genau genommen furzen Schimpansen laut, oft und völlig schamlos. Als Wissenschaftler Schimpansen in ihrem natürlichen Habitat, den Waldgebieten West- und Zentralafrikas, erforscht haben, lokalisierten sie einzelne Tiere anhand ihrer Furzgeräusche.

Wie beim Menschen kann ein Parasitenbefall auch bei Schimpansen zu Magen-Darm-Verstimmungen mit heftigen Blähungen führen, aber Schimpansen sind ja schlau und wissen, wie man sich die Umwelt zunutze macht. So wurden sie in der Wildnis dabei beobachtet, wie sie die flüssigen und faserhaltigen Bestandteile der Triebe eines tropischen Buschs, der sogenannten *Vernonia amygdalina*, einnehmen, um die Magen-Darm-Reizungen zu lindern und Blähungen und Parasitenbefall zu reduzieren.

Forscher an der Yale University haben einen Kräcker entwickelt, um Schimpansen in Gefangenschaft alle notwendigen Nährstoffe zukommen zu lassen; lustigerweise hatte diese Nahrungsergänzung eine hochinteressante Nebenwirkung: die Beinahe-Ausrottung aller Schimpansenfürze. Durch den hohen Kaloriengehalt des Gebäcks nahmen Schimpansen in Gefangenschaft auf diese Weise weniger Nahrung zu sich und mussten länger kauen, was die Produktion von Darmgasen reduziert. Wir dürfen annehmen, dass die Zoowärter, die sich um besagte Schimpansen kümmerten, mit diesem Nebeneffekt durchaus einverstanden waren – wenn man bedenkt, welche Affinität Schimpansen sonst für Fürze haben.

DER SILBERFLECKSKIPPER

Wissenschaftlicher Name (Art): Epargyreus clarus

—∞∞—

KÖNNEN SILBERFLECKSKIPPER PUPSEN? VIELLEICHT

Im vorliegenden Buch finden Sie zahlreiche Beispiele für beeindruckende pupsende Insekten wie Termiten (Seite 45), Perlen-Florfliegen (Seite 16) und Kakerlaken (Seite 78), aber beim Silberfleckskipper (genauer der Raupenform dieses amerikanischen Schmetterlings) sind wir nicht sicher, ob er (beziehungsweise sie) pupsen kann. Auch wenn es sich dabei technisch gesehen nicht um einen Furz handelt, beeindrucken diese angehenden Schmetterlinge dennoch mit einer Fähigkeit ihres Hinterteils, die unbedingt erwähnt werden muss: Der Silberfleckskipper ist höchst standorttreu (was bedeutet, dass er an einem Platz bleibt). Die Raupe rollt gewissermaßen eine Wirtspflanze um ihren Körper herum und bleibt das gesamte Raupenstadium hindurch an diesem eher eingeschränkten Ort. Der beengte Lebensraum stellt sie aber vor ein Problem, genauer gesagt ein Abfallentsorgungsproblem. Glücklicherweise hat die Raupe des Silberfleckskippers aber ein bestechendes System entwickelt, ihr Haus sauber zu halten: Sie mag klein sein (nur etwa vier Zentimeter lang), aber sie kann den Blutdruck in ihrem Analtrakt so erhöhen, dass sie ihren Kot bis zu 153 Zentimeter weit aus ihrem Körper katapultieren kann: das entspräche fast 65 Metern bei einem Menschen! Forscher haben herausgefunden, dass die Raupe mit diesem Trick den Fraßdruck durch potentielle Räuber reduziert: Wespen werden vom Geruch des Skipperkots angezogen – indem die Raupen die Kotpellets weit von sich schleudern, können sie vor möglichen Jägern verborgen bleiben.

DIE ÖSTLICHE HAKENNASENNATTER

Wissenschaftlicher Name (Art): Heterodon platirhinos

KÖNNEN HAKENNASENNATTERN PUPSEN? WAHRSCHEINLICH

Wie alle Schlangen können wahrscheinlich auch Östliche Hakennasennattern pupsen. Allerdings nutzen diese Schlangen auch andere Schadgase, um Jäger abzuschrecken. Wird die Östliche Hakennasennatter bedroht, richtet sie sich auf, bläst ihren Hals- und Kopfbereich auf, flacht diesen dabei ab und zischt. Wenn dieses aggressive Verhalten nicht fruchtet, wählt die Schlange eine andere Strategie: Sie stellt sich tot. Dabei drehen sich die Nattern auf den Rücken, öffnen ihr Maul und lassen die Zunge heraushängen; dann sondern sie in der Hoffnung, ihrem Angreifer so den Appetit zu verderben, ein übelriechendes Sekret aus ihren Afterdrüsen ab. Auch wenn ihre Vorführung ziemlich überzeugend ist, bleibt sie doch reine Show: Die ungiftige Hakennasennatter beißt selten zu, und wenn man sie, während sie sich totstellt, auf den Bauch dreht, rollt sie sich (sehr lebendig) wieder auf den Rücken. Toter Mann spielen kennt man noch von einigen anderen Schlangenarten auf diesem Erdball, auch wenn dieses Verhalten in Gefangenschaft üblicherweise nicht gezeigt wird. Die besten Vorstellungen sind jedenfalls die, die von extra üblem Schlangenparfüm umweht sind, das sich selbst nach mehreren Wäschen noch in der Kleidung halten kann.

DER SANDTIGERHAI

Wissenschaftlicher Name (Art): Carcharias taurus

—◦◦◦—

KÖNNEN SANDTIGERHAIE PUPSEN? JA

Der Sandtigerhai *(Carcharias taurus)* hat rund um den Globus viele verschiedene Namen, darunter Sandtiger, Grauer Sandhai oder Schnauzenhai. Weil Haie eine höhere Dichte als Wasser aufweisen, sinken sie zu Boden, wenn sie aufhören zu schwimmen. Der Sandtigerhai hat für dieses Problem eine einzigartige Lösung gefunden: Man hat sowohl im Aquarium als auch in der freien Wildbahn beobachtet, dass er an die Wasseroberfläche kommt, um Luft zu schlucken und diese dann im Magen aufzubewahren; das erlaubt es ihm, in der Wassertiefe zu schweben und den Auftrieb zu halten. Berichten zufolge lassen Sandtigerhaie Luft durch ihre Kloake entweichen, wenn sie den Auftrieb reduzieren wollen; dann kann man einen Strom von Luftblasen entweichen sehen. Der Mechanismus ähnelt dem, den der Hering (Seite 9) nutzt, um mit seinen Artgenossen zu kommunizieren, allerdings ist er deutlich leiser.

Sandtigerhaie haben einen Respekt einflößenden Ruf, nicht zuletzt wegen ihrer furchterregenden, hervorstehenden Zähne; in Wirklichkeit sind diese Haie aber sehr gutmütig und wenig aggressiv, für den Menschen stellen sie deshalb keine Gefahr dar.

DER FROSCH

Wissenschaftlicher Name (Ordnung): Anura

———— ∞∞∞ ————

KÖNNEN FRÖSCHE PUPSEN? VIELLEICHT

Frösche verfügen über ein breit gefächertes Repertoire an Geräuschen in Form von speziellen Rufen: die, mit denen sie Partner suchen und Rivalen auf Distanz halten, die Schreckrufe, wenn sie bereits angegriffen werden, und Warnrufe, wenn Gefahr droht. Frösche können auch sogenannte Befreiungsrufe von sich geben: Wenn ein Männchen versucht, ein Weibchen zu klammern (die Position der Paarung, bei der ein Männchen sich auf dem Rücken des Weibchens festklammert), das die Eiablage bereits hinter sich hat, oder wenn ein Männchen irrtümlich ein anderes Männchen klammert, dann wird der jeweils desinteressierte Frosch seinen Freier wissen lassen, dass seine Bemühungen umsonst sind. Ein Geräusch hört man von Fröschen aber vermutlich nie: den Furz. Diese Amphibien besitzen keinen ausgeprägten Schließmuskel; falls also Gas durch ihre Kloake austritt, wird es vermutlich keine ausreichenden Vibrationen an den sie umgebenden Ringmuskeln bewirken, um einen hörbaren Flatus zu erzeugen. Bei den Kaulquappen einiger Arten haben Forscher allerdings Gärkeime im Darm entdeckt, die bei der Verdauung von Pflanzenmaterial – also der Hauptnahrungsquelle dieser Amphibienlarven – helfen. Möglicherweise sorgen sie auch für Darmgase.

Interessanterweise haben Wissenschaftler auch beobachtet, dass manche Kaulquappen, die in Gefangenschaft mit Grünteeblättern aufgezogen wurden, Gasblasen in ihrem Darmtrakt entwickeln, die sie für längere Zeit verkehrt herum schwimmen lassen. Wenn die nicht ordnungsgemäß entweichen, können einzelne Tiere an diesen Blähungen sterben; bei denen, die überleben, weiß man bislang nicht, an welchem Ende der Kaulquappe das Gas entweicht.

DIE AMERIKANISCHE GROSSSCHABE

Wissenschaftlicher Name (Art): Periplaneta americana

— ❧ —

KÖNNEN KAKERLAKEN PUPSEN? JA

Großschaben, meist Kakerlaken genannt, gibt es seit ungefähr 280 Millionen Jahren, und sie haben sich in diesem Zeitraum weltweit an die unterschiedlichsten Lebensräume angepasst. Sie können Temperaturen bis zu -122 °C überleben und kommen bis zu einen Monat ohne Nahrung und bis zu 45 Minuten ohne Sauerstoff aus. Und ihre Köpfe können sogar noch Stunden, nachdem sie vom Körper getrennt wurden, weiterleben! Leider ist einer ihrer bevorzugten Lebensräume immer dort, wo auch Menschen – und deren Vorräte – zu finden sind. Kakerlaken fressen alles, was sie finden, ziehen allerdings süßere Nahrung vor, und können problemlos eine ganze Speisekammer vernichten. Sie pflanzen sich rasend schnell fort: Ein Weibchen produziert durchschnittlich zehn Monate im Jahr 15 Eier pro Monat. Eine Kakerlakenkolonie braucht also nicht lang, um ein ganzes Haus zu verseuchen.

Wenn Sie das noch nicht abschreckt, hilft es ja vielleicht zu wissen, dass zumindest die Amerikanische Großschabe pupst, und mit großer Wahrscheinlichkeit hat schon einmal eine Kakerlake in Ihr Essen gepupst. Außerdem können diese Pupse Methan enthalten. In der Wachstumsphase produzieren die Larven tendenziell mehr Methan als ausgewachsene Schaben, und ein ballaststoffreicher Speiseplan führt wie beim Menschen auch bei diesen Insekten generell zu einer höheren Gasproduktion.

DER ORANG-UTAN

Wissenschaftlicher Name (Gattung): Pongo

— ❧ —

KÖNNEN ORANG-UTANS PUPSEN? JA

Innerhalb der Gattung *Pongo* sind momentan zwei Arten von Orang-Utans anerkannt, die ausschließlich in Asien (Indonesien und Malaysia) vorkommen und hauptsächlich auf Bäumen leben. Ähnlich wie andere Großaffen sind Orang-Utans eng mit dem Menschen verwandt: Sie haben zu 97 Prozent die gleiche DNA wie wir und auch sonst viele Ähnlichkeiten mit unserer äußeren Erscheinung. Tatsächlich lässt sich die Bezeichnung «Orang-Utan» mit «Waldmensch» übersetzen, und einheimische Völker hielten Orang-Utans häufig fälschlicherweise für Menschen, die sich in den Bäumen versteckt hatten.

Orang-Utans sind in ihrer Fähigkeit zu furzen – und ihrer Schamlosigkeit dabei – auch anderen Affenarten sehr ähnlich. Sie sind sogar so furzverliebt, dass sie das passende Geräusch von vorn und von hinten machen: Neben vielen verschiedenen anderen Lauten, die Orang-Utans von sich geben, ahmen sie mit den Lippen Pupsgeräusche nach. Man weiß zwar nicht genau, weshalb sie es tun, aber besonders oft kann man sie dabei beobachten, wenn sie sich ihr Nachtlager zurechtmachen. Dieses Verhalten sei Menschen nicht zur Nachahmung empfohlen, weil hörbare Furzgeräusche im Bett bei uns im Allgemeinen nicht willkommen sind.

DAS KANINCHEN

Wissenschaftlicher Name (Gattung): Oryctolagus

—◦◦◦—

Können Kaninchen pupsen? Ja

Kaninchen werden als nicht wiederkäuende Pflanzenfresser beschrieben; das bedeutet, dass ihre Diät zwar aus pflanzlichem Material wie Gras, Blumen oder auch Zweigen besteht, sie aber keinen auf Pflanzenmaterial spezialisierten Magen haben (wie Kuh, Seite 110, oder Ziege, Seite 10). Stattdessen verlassen sie sich auf Mikroorganismen, also Bakterien und Protisten, die in ihrem Zäkum (eine Tasche im Dickdarm – auch Sie haben eine: den Blinddarm) Nährstoffe aus dem zellulosereichen Futter ziehen. Da ihre Nahrung im ersten Schritt nur im Dickdarm verdaut wird, nehmen Kaninchen den sogenannten Blinddarmkot – weichen Kot aus vergorenem Pflanzenmaterial – wieder auf, um im nächsten Verdauungsschritt noch mehr aus dem Futter herauszuholen.

Da ist es nicht überraschend, dass diese leicht abstoßende Ernährungsweise der Kaninchen und das dazugehörige Verdauungssystem ein hervorragendes Rezept für Pupse abgeben. Kaninchen können nicht nur pupsen – sie müssen sogar. Stress, Dehydrierung und Futter, das wenig Ballaststoffe, aber viele Kohlenhydrate und Zucker enthält, können dazu führen, dass sich Gase in ihrem Darm ansammeln – ein Vorgang, den man Aufgasung nennt. Blähungen und Pupse sind ja oft ein Anlass für Heiterkeit, aber für Kaninchen ist das nicht witzig: Die Aufgasung ist für sie äußerst schmerzhaft und wird schnell lebensbedrohlich, wenn sie nicht ordentlich entweichen kann, so dass gegebenenfalls ärztliche Intervention notwendig ist.

DER HUND

Wissenschaftlicher Name (Art): Canis lupus familiaris

KÖNNEN HUNDE PUPSEN? JA

Die auf den Haushund bezogene Formulierung, er sei «der beste Freund des Menschen» wird ursprünglich dem Preußenkönig Friedrich dem Großen zugeschrieben; allerdings wird er sich mit dieser Bemerkung wohl kaum auf die Neigung des Hundes zum Furzen bezogen haben. Alle Hunde haben Blähungen, und oft entweichen diese mit einem ziemlich strengen Geruch. Allerdings sind nicht alle Hundearten gleichermaßen furzaffin. So schlucken zum Beispiel Boston Terrier wegen ihrer verkürzten Schnauze tendenziell mehr Luft als andere Hunderassen, was bewirkt, dass sie auch mehr furzen. Unglücklicherweise haben diese Terrier ein sehr freundliches Wesen und können überaus anhänglich sein; sie verbringen also gern viel Zeit mit ihren Herrchen, während sie fortwährend stinkende Winde ablassen.

Da wir ein enges Verhältnis zu unseren vierbeinigen Gefährten pflegen, suchen Wissenschaftler nach neuen Wegen, entweder die Häufigkeit oder die Intensität von deren Pupsen zu verringern. Sie haben sogar einen speziellen Mantel für Hunde entwickelt, der es ihnen erlaubt, nicht-invasiv Flatulenzproben zu nehmen. Für die Entwicklung dieses Mantels benötigte man allerdings einen designierten Geruchstester, der jeden Furz seinem Gestank nach klassifizieren musste – falls Sie also mit Ihrer derzeitigen Arbeit unzufrieden sind, denken Sie einfach mal über das Berufsbild Furztester nach. Diese wahren Pioniere der Flatologie haben herausgefunden, dass Nahrungsergänzungsmittel, die Aktivkohle (wie zum Beispiel *Yucca schidigera*) oder Zinkazetat enthalten, die Schwefelwasserstoffproduktion im Darm um bis zu 86 Prozent senken und so die Häufigkeit von stinkenden Fürzen erheblich reduzieren können!

DIE ZIERSCHILDKRÖTE

Wissenschaftlicher Name (Art): Chrysemys picta

———

KÖNNEN ZIERSCHILDKRÖTEN PUPSEN? JA

Derzeit gibt es knapp 300 anerkannte Schildkrötenarten, eine Gruppe, die als das gefährdetste Taxon der Wirbeltiere auf diesem Planeten gelten darf. Das ist teilweise dem Verlust von Lebensraum zuzuschreiben, aber auch dem Tierhandel und der Lebensmittelherstellung.

Die Zierschildkröte ist eine recht weit verbreitete nordamerikanische Süßwasserschildkröte – zusammen mit einigen Brackwasserarten nennt man sie auch Terrapene – und wie andere Landschildkröten (Seite 94) kann auch diese Schildkrötenart pupsen. Anders als Landschildkröten haben Wasserschildkröten aber mit besonderen Problemen beim Pupsen zu kämpfen: Wenn die Darmgase nicht entweichen können, steigt der Auftrieb der Schildkröte, ganz ähnlich wie bei Seekühen (Seite 87) oder Wüstenkärpflingen (Seite 21), und hindert sie unter Umständen am Abtauchen. Bei Zierschildkröten, wie auch bei einigen anderen Wasserschildkrötenarten, ist die Kloake aber nicht nur dazu da, Gas entweichen zu lassen, sie nimmt auch Gas auf, nämlich Sauerstoff. Die Kloakenatmung wird der Zierschildkröte durch eine Art spezialisierten Beutel ermöglicht, die sogenannte Analblase, die Sauerstoff absorbieren kann, während die Schildkröte unter Wasser ist. Kloakenatmung ist für Wasserschildkröten von Vorteil: Sie müssen dazu nicht ihre Lunge nutzen, was wegen des Panzers energieintensive Muskelarbeit erfordert und damit auch für eine erhöhte Milchsäureproduktion sorgt. Mithilfe der Kloakenatmung können sich Zierschildkröten zur Überwinterung in den Sedimentschlamm unter Wasser eingraben und so Temperaturen um den Gefrierpunkt an der Wasseroberfläche vermeiden.

DER SCHWARZ-WEISSE STUMMELAFFE

Wissenschaftlicher Name (Gattung): Colobus

———✦———

KÖNNEN STUMMELAFFEN PUPSEN? JA

Es gibt fünf Arten von Schwarz-weißen Stummelaffen, die in den bewaldeten Regionen West- und Zentralafrikas zu finden sind. Alle fünf Arten dieser Gattung sind Pflanzenfresser; ihre Nahrung besteht aus Blättern, Blumen und Zweigen sowie unreifen Früchten. Interessanterweise ähnelt das Verdauungssystem der Schwarz-weißen Stummelaffen dem der Kühe (Seite 110) und anderer Huftiere; sie haben relativ große Mägen mit vier Kammern, von denen die ersten zwei der Vergärung dienen. Das einzigartige Zusammenspiel ihrer Nahrung und ihre Verdauungsanatomie führt zu drei spezifischen Verhaltensweisen dieser Affen: Erstens müssen sie viel fressen, weil ihre Grünzeugdiät üblicherweise nur einen geringen Nährstoffgehalt hat; sie verbringen also täglich ungefähr 20 bis 30 Prozent ihrer Zeit mit Fressen. Zweitens versuchen die Schwarz-weißen Stummelaffen deshalb mit langen inaktiven Phasen Energie zu sparen; ausgewachsene Tiere verbringen bis zu 60 Prozent des Tages damit, herumzusitzen und sich auszuruhen. Und drittens, Sie haben es schon erraten, produzieren Schwarz-weiße Stummelaffen ziemlich viel Kohlendioxid und Methan, das sie – wie andere Primaten – ohne Scham in Form von Fürzen entweichen lassen. Tagsüber wird man diese faulen Affen also zu jedem beliebigen Zeitpunkt entweder beim Fressen, Faulenzen oder Furzen antreffen. Eine jüngere Studie kommt interessanterweise zu dem Schluss, dass das Herumsitzen und Ausruhen den Schwarz-weißen Stummelaffen auch beim Abgasen – in Form von Rülpsern – hilft, weil die Sitzposition erhöhten Druck auf ihre Atmungsorgane und den Brustkorb vermeidet!

DER KARIBIK-MANATI

Wissenschaftlicher Name (Art): Trichechus manatus

⚬⚬⚬

KÖNNEN MANATIS PUPSEN? JA

Falls Sie denken, dass ein Tier, das auch liebevoll «Seekuh» genannt wird, furzen kann, liegen Sie richtig. Karibik-Manatis aus der Familie der Seekühe furzen tatsächlich – viel. Und sie machen sich ihre Blähungen geschickt zunutze. Zum einen sind Manatis Pflanzenfresser, und ihre rein pflanzliche Diät führt zu einer reichhaltigen Gasproduktion, insbesondere von Methan. Zum anderen ist ihr Zwerchfell – ein großer Muskel, der für die Atmung entscheidend ist – ganz anders gestaltet als bei den meisten Säugetieren: Es besteht aus zwei Teil-Zwerchfellen (Hemidiaphragmen), die nicht direkt mit dem Brustbein verbunden sind, sondern herz-dorsal (also näher am Rücken) liegen und sich horizontal durch fast die gesamte Körperhöhle ziehen. Darüber hinaus weist der Darm bei den Seekühen kleine Taschen auf, die wie eine Art Gasdepot funktionieren. Diese ungewöhnliche Anatomie erlaubt es Manatis, ihre Blähungen für den Auftrieb zu nutzen. Indem sie Darmgase an speziellen Stellen in ihrem Inneren deponieren, können sie ihrem Körper mehr Auftrieb verleihen und so an die Wasseroberfläche treiben, während eine Verdichtung der Gase und das Entweichen der Fürze diese Säugetiere absinken lässt. Für eine Seekuh ist es äußerst wichtig, dass sie einen fahren lassen kann; man hat auch schon Tiere mit Verstopfung beobachtet, die im Wasser trieben, der Schwanz höher als der Kopf.

DIE TÜPFELHYÄNE

Wissenschaftlicher Name (Art): Crocuta crocuta

KÖNNEN TÜPFELHYÄNEN PUPSEN? JA

Tüpfelhyänen sind eine sozial hochentwickelte Säugetierart: Sie bilden Gruppen mit einer hierarchischen Struktur und können mithilfe einer großen Bandbreite von Lautäußerungen kommunizieren. Eine davon ist das sogenannte Hyänenlachen. Auch wenn Hyänen pupsen, ist das nicht der Grund für ihr Lachen: Normalerweise machen Tüpfelhyänen dieses Geräusch, wenn sie, meist im Streit um Fressen, von einem Artgenossen angegriffen oder verfolgt werden.

Tüpfelhyänen sind vornehmlich Jäger. Sie können Knochen vollständig zersetzen und verdauen; der dadurch hohe Kalziumgehalt ihrer Nahrung färbt ihren Kot weißlich. Die typische Beute für Tüpfelhyänen sind mittelgroße Huftiere, aber man hat sie auch schon kleinere Beutetiere wie Fische oder Vögel fressen sehen; eine Gruppe wurde sogar dabei beobachtet, wie sie ein ausgewachsenes Flusspferd (Seite 116) angegriffen und getötet hat. Es gibt Anekdoten darüber, dass Hyänenfürze in der freien Wildbahn am schlimmsten stinken, wenn zuvor Kamelinnereien auf dem Speiseplan standen. Auch wenn der Gestank von Hyänenfürzen in Abhängigkeit von ihrer Diät noch nicht umfänglich wissenschaftlich erforscht wurde: die Inhaltsstoffe von Kamelinnereien liefern ja vielleicht tatsächlich den notwendigen Treibstoff für besonders fiese Fürze.

DER ROTLUCHS

Wissenschaftlicher Name (Art): Lynx rufus

KÖNNEN LUCHSE PUPSEN? JA

Der Rotluchs ist eine Art, die in mindestens zwölf Unterarten unterteilt wurde, allerdings ist man sich bei der Unterteilung nicht immer einig. Er ist ziemlich weit verbreitet, vom südlichen Kanada bis Südmexiko, mit Lücken in Teilen des Mittleren Westens der USA. Innerhalb ihres Verbreitungsgebiets werden Rotluchse immer wieder mit Pumas *(Puma concolor)* verwechselt. Man kann diese Raubkatzenarten aber anhand weniger Merkmale einfach unterscheiden: Luchse haben spitz zulaufende Ohren und sind nur etwa halb so groß wie Pumas.

Rotluchse sind nichtspezialisierte Fleischfresser und sehr geschickte Jäger; sie können auch mal ein großes Säugetier wie ein Reh erlegen, jagen aber normalerweise kleinere Tiere wie Kaninchen, Vögel, Mäuse und manche Reptilien. Diese eiweißreiche Ernährung führt nachgewiesenermaßen zu Luchspupsen, und zwar zu solchen von der stinkenden, schwefelhaltigen Sorte. Die Nahrung von Rotluchsen ist meist abwechslungsreich, wenn sie sich aber vorrangig von Eichhörnchen ernähren, so sagt man, produzieren sie einen besonders heftigen Gestank; die Gründe hierfür sind bis dato nicht bekannt. Vielleicht kann das Phänomen mit einem höheren Schwefelgehalt von Eichhörnchen erklärt werden – Schwefel als eine chemische Komponente, die die Darmflora des Luchses zu erhöhter Gasproduktion anregt –, aber die Forschung hierzu muss eindeutig dringend vertieft werden.

DER PYTHON

Wissenschaftlicher Name (Familie): Pythonidae

———✄———

KÖNNEN PYTHONS PUPSEN? JA

In der freien Wildbahn kommen Pythons in warmen und feuchten Habitaten in Afrika, Asien und Australien vor. Sie sind aber auch beliebte Haustiere, weil viele Arten ein gutmütiges Wesen und einzigartige Musterungen haben und dazu leicht zu halten und zu züchten sind. Manche Leute überzeugen diese Vorteile dennoch nicht, schließlich können Pythons recht groß werden. Der Dunkle Tigerpython *(Python bivittatus)* zum Beispiel kann bis zu sechs Meter lang und 180 Kilogramm schwer werden. Manch ein Besitzer bereut die Anschaffung der ungiftigen Riesenschlange deshalb später und entlässt sein Haustier dann leider nicht in ein natürliches Habitat, sondern zum Beispiel in die Everglades in Florida. Inzwischen haben sich dort ganze Populationen von Tigerpythons angesiedelt, die in den Everglades eine invasive und zerstörerische Art darstellen: Sie sind für einen dramatischen Rückgang vieler Säugetierarten verantwortlich und wurden sogar dabei beobachtet, wie sie Alligatoren erbeuteten.

Gerade weil die Schlangen so beliebte Haustiere sind, wurden Pythonpupse schon häufig beobachtet; ihre Darmgase hat man dabei charmant als «dick und fleischig» beschrieben. Auch wenn die Flatulenz im ersten Moment unbemerkt bleibt, weil sie meist lautlos vonstattengeht, lässt sich der nachfolgende heftige Begleitgestank, den die fleischlastige Ernährung verursacht, problemlos nachweisen.

DIE KATZE

Wissenschaftlicher Name (Art): Felis catus

———— ◦∞◦ ————

KÖNNEN KATZEN PUPSEN? JA

Es gibt immer wieder Zweifel daran, dass Katzen wirklich domestiziert wurden. Bei manchen Tieren wie den Haushunden (Seite 82) ist die Domestizierung eindeutig. Hunde sind außergewöhnlich zahm und verlassen sich auf die Fürsorge der Menschen; das ist auch in ihrem Genom sichtbar, das sich deutlich von dem ihrer wilden Vorfahren unterscheidet. Katzen wiederum bezeichnet man häufig als halbdomestiziert, weil der Unterschied zu Wildkatzen nicht sehr groß ist und Hauskatzen und Wildkatzen sich immer noch untereinander fortpflanzen. Auch wenn Hauskatzen sehr anhängliche Mitbewohner sein können und es oft so wirkt, als seien sie von ihren Menschen abhängig, wenn es um Futter und Streicheleinheiten geht, so nutzen sie immer noch ihre beeindruckenden Fähigkeiten als Jäger. Tatsächlich haben Forschungen gezeigt, dass freilaufende Katzen bis zu 3,7 Milliarden Vögel und 20,7 Milliarden Kleinsäuger jährlich erbeuten und töten und sie für das Aussterben etlicher Vogelarten, Säuger und Reptilien verantwortlich sind.

Kein Zweifel besteht daran, dass Katzen pupsen. Das tun sie eindeutig, und oft stinken die Pupse ziemlich streng, weil Katzen sich als Fleischfresser eiweiß- und somit schwefelreich ernähren – und dadurch schwefelhaltige Pupse produzieren. Ihrer halbdomestizierten Mentalität entsprechend wird es Ihrer Katze vermutlich herzlich egal sein, ob Sie der Meinung sind, dass ihre Pupse stinken; also wird sie auch kaum Anstrengungen unternehmen, Sie vor dem strengen Aroma zu bewahren.

DIE SCHILDKRÖTE

Wissenschaftlicher Name (Familie): Testudinidae

⁕

KÖNNEN SCHILDKRÖTEN PUPSEN? JA

Landschildkröten aus der Familie *Testudinidae* werden gemeinhin einfach Schildkröten genannt. Für sie ist charakteristisch, dass sie nur an Land leben und sich sehr gemächlich fortbewegen. Langsam ist aber nicht nur ihr Bewegungsablauf, sondern auch ihre Entwicklung; einige Arten, wie die Galapagos-Schildkröte, brauchen bis zu 25 Jahre, bis sie geschlechtsreif sind. Sogar ihre DNA hat etwas Verzögertes: Die Evolutionsrate von Schildkröten ist offenbar langsamer als bei den meisten Säugetieren und sogar langsamer als bei anderen Reptilien wie Schlangen.

Was das Pupsen betrifft, stehen Schildkröten anderen Reptilien aber um nichts nach: Sie können es und sie tun es. Unsere Kenntnis von Schildkrötenfürzen speist sich teilweise aus direkten Quellen – so wurden weibliche Griechische Landschildkröten *(Testudo hermanni)* dabei beobachtet, wie sie direkt vor der Eiablage furzten – und wir haben Einzelberichte von Flatulenzvorkommen bei Schildkröten in Gefangenschaft. Außerdem sind Ernährung und Verdauungssystem von Schildkröten der Pupsproduktion förderlich; Schildkröten sind vorrangig Pflanzenfresser und Enddarmfermentierer, ähnlich wie manch andere pflanzenfressenden Säugetierarten (siehe Pferde, Seite 18; Nashörner, Seite 32). Leider wurden noch keine Vergleichsstudien zur Furzgeschwindigkeit im Tierreich durchgeführt, so dass wir an diesem Punkt nur spekulieren können, dass Schildkröten möglicherweise auch auf diesem Gebiet langsamer sind als andere Tierarten.

DAS ALTWELTKAMEL

Wissenschaftlicher Name (Gattung): Camelus

———&—

KÖNNEN KAMELE PUPSEN? JA

Es gibt derzeit drei verschiedene Altweltkamelarten, von denen zwei – das einhöckrige Dromedar *(C. dromedarius)* und das zweihöckrige Trampeltier *(C. bactrianus)* – domestiziert wurden, während das wilde baktrische Kamel *(C. ferus)* nur noch in drei kleinen Populationen in seinem natürlichen Lebensraum, der Gobi und den mongolischen Steppen, vorkommt. Kamele sind besonders dafür bekannt, mit einer beeindruckenden Anpassungsfähigkeit in einem extrem trockenen Umfeld überleben zu können. Weniger bekannt ist ihre Gabe, stark methanhaltige Fürze zu produzieren. Ähnlich wie Wiederkäuer (siehe Kuh, Seite 110) sind Kamele Pflanzenfresser und nutzen Gärprozesse im Vorderdarm, um die Zellulose in den Pflanzen zu zersetzen; sie haben allerdings nur einen Dreikammermagen und werden deshalb genauer als Pseudowiederkäuer klassifiziert.

Wegen der Ähnlichkeiten im Aufbau des Verdauungstrakts dachte man ursprünglich, dass die Methanproduktion von Kamelen ähnlich hoch sei wie die von Kühen. Tatsächlich zeigen Studien aber, dass diese Pseudowiederkäuer im Durchschnitt weniger Methan pro Kilogramm Körpergewicht produzieren. Dieser Unterschied lässt sich durch das niedrigere Aktivitätslevel von Kamelen und die geringere Nahrungsaufnahme – selbst bei uneingeschränktem Zugang zu Futter und Wasser – erklären: Weil Kamele einfach weniger essen, tragen sie nur ein bis zwei Prozent zur Gesamtmenge des Methans bei, das von den viel flatulenzaffineren Rindern und anderen domestizierten Wiederkäuern im gleichen Gebiet erzeugt wird. Das meiste Gas entweicht bei Kamelen aber wie bei Kühen durchs Maul, nicht durch den After.

DER LEGUAN

Wissenschaftlicher Name (Familie): Iguanidae

———⬗———

KÖNNEN LEGUANE PUPSEN? JA

Derzeit gibt es 42 anerkannte Arten innerhalb der *Iguanidae*, einer Gruppe, die Leguane im engeren Sinne (Gattung *Iguana*) sowie andere verwandte Arten einschließt; allerdings ist die Klassifizierung der Arten innerhalb der Familie höchst umstritten. Leguane findet man in den nord- und südamerikanischen Tropen und Subtropen und auf den Galapagos-Inseln, den Antillen, Fidschi und Tonga. Der Grüne Leguan ist in manchen Gegenden auch eine invasive Art – in Teilen der Karibik sowie auf Hawaii, in Florida und Texas haben sich einige Populationen etabliert, die dort eigentlich nicht heimisch sind.

Wie Geckos (Seite 98) und andere Echsen pupsen Leguane. Dem Nashornleguan *(Cyclura cornuta)* wird nachgesagt, dass seine Fürze feucht klingen und dass die Flatulenzfrequenz mit erhöhter Ballaststoffzufuhr oder erhöhtem Parasitenbefall ansteigt. Auch beim Gemeinen Schwarz-leguan *(Ctenosaura similis)* wurden mehr Fürze beobachtet, wenn man ihn mit Nahrung füttert, die mehr pflanzliche als tierische Eiweiße enthält. Grüne Leguane fressen in der freien Wildbahn ohnehin selten tierisches Eiweiß; ihre Nahrung ist eindeutig pflanzlich, was auch bei ihnen zu mehr Fürzen führt. Diese Leguane sind beliebte Haustiere und wurden von ihren Besitzern schon häufig dabei beobachtet, wie sie hörbar und manchmal richtig laut einen fahren lassen; besonders häufig findet das offensichtlich beim Kotabsetzen statt.

DER GECKO

Wissenschaftlicher Name (Teilordnung): Gekkota

─·◈◈◈·─

KÖNNEN GECKOS PUPSEN? JA

Geckos sind die artenreichste Gruppe von Echsen; derzeit sind über 1.650 Arten anerkannt, was etwa ein Viertel aller Echsenarten ausmacht. Sie sind unglaublich anpassungsfähig an die unterschiedlichsten Lebensräume. Etliche Geckoarten haben zum Beispiel Haftzehen, die über und über mit mikroskopisch kleinen Härchen besetzt sind, den sogenannten Setae, mit denen sie an jeder Oberfläche haften bleiben, sogar an Glas. Diese Haftzehen sind so stark, dass der Tokeh *(Gekko gecko)* mehr als 450-mal sein eigenes Körpergewicht halten könnte!

Auch wenn die wissenschaftliche Literatur zur Gecko-Flatulenz eher rar gesät ist, können wir davon ausgehen, dass Geckos als Reptilien pupsen können. Darüber hinaus liegen uns Berichte vor, die diese Annahmen bestätigen – schließlich sind Geckos sehr beliebte Haustiere. Hörbare Pupse wurden zum Beispiel beim Kronengecko *(Correlophus ciliatus)* beobachtet, häufig bevor er Kot absetzt. Geckopupse werden zwar als fötid (also übelriechend) bezeichnet, es ist aber schwierig, diesen Geruch getrennt von dem des Kots zu betrachten beziehungsweise zu riechen; man müsste tiefer in die Materie eindringen, um diese Einzelfälle hinreichend zu bestätigen.

DER KRAKE

Wissenschaftlicher Name (Ordnung): Octopoda

KÖNNEN KRAKEN PUPSEN? NEIN

Kraken haben sich vor mindestens 140 Millionen Jahren entwickelt und stellen derzeit etwa ein Drittel aller Kopffüßer – eine Klasse, zu der auch Kalmare, Sepien und Perlboote gehören. Kraken sind einzigartige wirbellose Meerestiere, die eine hohe Intelligenz aufweisen. Soweit uns bekannt ist, pupsen sie allerdings nicht. Auch wenn ihre Verdauung sehr langsam sein kann (12 bis 30 Stunden, abhängig von Temperatur und Art), lässt sich die Absenz von Blähungen vermutlich auf die Abwesenheit von blähender Darmflora zurückführen. Kraken sind aber mit einer beeindruckenden Fortbewegungsart ausgestattet, die einem Furz ähnelt: eine Art Düsenantrieb dank ihres Sipho. Kraken können ihren muskulösen Körper, die Mantelhöhle, nutzen, um rasch Wasser durch den Sipho zu pressen; mithilfe des Rückstoßes können sie so schnell vor Angreifern fliehen. Der Sipho ist ein Organ, das gewissermaßen als Abschuss- und Ansaugrohr verwendet wird; Kraken nutzen ihn auch, um sauerstoffreiches Wasser zur Atmung einzusaugen. Und das ist nicht der einzige Pseudopups im Arsenal der Kraken, denn diese Kopffüßer können auch Tinte ins Meerwasser ablassen (dazu nutzen sie den Sipho wie einen Zerstäuber) und so ihre Angreifer verwirren oder womöglich sogar vergiften. Tatsächlich nutzen Kraken die Tinte auf zweierlei Weise; zum einen kann die verwirbelte Tinte wie eine Nebelwand den tatsächlichen Aufenthaltsort des Kraken vor seinem Angreifer verbergen; die sogenannte Pseudogestalt wiederum – kleine Pigmentwölkchen mit einer höheren Schleimkonzentration – bildet einen Tintenklumpen, der ungefähr so aussieht wie der Krake und dann fälschlicherweise vom Angreifer attackiert wird. Beide Taktiken erleichtern dem Kraken die Flucht.

DIE MANGUSTE

Wissenschaftlicher Name (Familie): Herpestidae

———∞∞∞———

KÖNNEN MANGUSTEN PUPSEN? JA

Die Familie der *Herpestidae*, die umgangssprachlich häufig als Mungos bezeichnet werden, besteht derzeit aus 15 Gattungen und 34 Arten, auch wenn manche Arten, wie zum Beispiel die Erdmännchen *(Suricata suricatta)*, gewöhnlich nicht als Mangusten bezeichnet werden. Mungos, insbesondere der Indische Mungo *(Herpestes edvardsii)*, sind berühmt dafür, Giftschlangen wie Kobras töten zu können, weil sie sehr wendig und gegen das Gift immun sind; sie ernähren sich abwechslungsreich, hauptsächlich aber von Fleisch.

Mangusten pupsen mit hoher Wahrscheinlichkeit, und sie haben ein paar sehr wirkungsvolle Analdrüsen, die sie in Anschlag bringen können; der Gestank des Sekrets hängt auch nach dem Waschen noch in der Kleidung. Wie bei der Fossa oder Frettkatze (Seite 107) sind Mangustenpupse der Stoff, aus dem Legenden sind: So glauben die Bienenzüchter der Massai, dass Mungos auf Honigsuche mithilfe ihrer Pupse Bienen aus dem Stock vertreiben und so den Honig plündern können. Und ein beduinisches Sprichwort bedeutet wörtlich übersetzt so viel wie «Die Mungos furzten mitten hinein» und beschreibt einen Streit, in dem die Parteien unversöhnlich auseinandergehen; die Redensart entsprang dem Glauben, dass ein Mungofurz eine große Kamelherde (siehe auch Seite 96) auseinandertreiben kann und dass die Tiere in der Folge nur sehr schwer wieder zusammenzubringen sind.

DER GORILLA

Wissenschaftlicher Name (Gattung): Gorilla

———— ✎ ————

KÖNNEN GORILLAS PUPSEN? JA

Derzeit geht man von zwei Gorillaarten aus, dem Östlichen *(G. beringei)* und dem Westlichen Gorilla *(G. gorilla)*, die beide in den tropischen und subtropischen Wäldern Afrikas beheimatet sind. Gorillas teilen mindestens 95 Prozent ihres Erbguts mit uns und sind so nach den Schimpansen (Seite 71), Bonobos und den Orang-Utans (Seite 79) die dem Menschen am nächsten verwandten Säugetiere.

Tierpfleger, die mit der Aufzucht und Haltung von Gorillas betraut sind, kennen den starken Körpergeruch dieser Großaffen; Forschungen haben gezeigt, dass Gorillas ähnlich wie Lemuren (Seite 114) ihren Körpergeruch zur Kommunikation unter Artgenossen nutzen. Je intensiver die Interaktion, desto stärker der Körpergeruch; besonders intensiv kann man ihn bei Drohgebärden wahrnehmen. Körpergerüche sind aber nicht die einzigen Ausdünstungen, die diese Primaten von sich geben. Von ihrer hauptsächlich pflanzlichen Diät befeuert (die hin und wieder durch Insekten ergänzt wird), können Gorillafürze ziemlich laut werden, und wie andere Menschenaffen kennen Gorillas dabei keine Scham.

DIE LANDASSEL

Wissenschaftlicher Name (Unterordnung): Oniscidea

KÖNNEN ASSELN PUPSEN? IRGENDWIE SCHON

Die etymologische Herleitung des Namen Assel wird diesen artenreichen Krebstieren nicht gerecht: Man geht davon aus, dass sich ihre Bezeichnung von dem lateinischen Wort für Eselchen *(asellus)* herleitet. Besonders unzulänglich ist der Artname der gewöhnlich als Kellerassel bekannten Landassel, *Porcellio scaber*; er bedeutet so viel wie «unsauberes Schweinchen». Dabei sind die über 4.000 Arten der Landasseln für das Ökosystem äußerst wichtig; sie zersetzen totes oder zerfallendes pflanzliches Material und durch ihren nur langsam zerfallenden Kot binden sie organische Materialien in der Humusschicht.

Landasseln gehen einen sehr ungewöhnlichen Weg, um stickstoffhaltige Abfallprodukte loszuwerden, und auch wenn es technisch gesehen kein Pups ist, sind es doch beeindruckende Abgase, die bei diesem Vorgang ausgeschieden werden. Säugetiere wandeln stickstoffhaltige Nebenprodukte aus der Nahrung in Harnsäure um und scheiden sie als Urin aus, Landasseln geben sie als Ammoniak-Stickstoff ab. Indem sie Ammoniak nicht in Harnsäure umwandeln, können Landasseln Energie und Flüssigkeit sparen. Normalerweise ist Ammoniak toxisch, aber Landasseln sind dagegen resistent und können hohe Ammoniakkonzentrationen in ihrem Gewebe aufbauen, von wo es schließlich durch ihr Exoskelett als Gas ausgeschieden wird. Studien haben gezeigt, dass Asseln das Ammoniakgas hauptsächlich tagsüber entweichen lassen, üblicherweise in Ausstößen von wenigen Minuten. Der Vorgang kann aber auch mal länger als eine Stunde dauern – das wäre dann vermutlich einer der lang andauerndsten Pseudofürze, die im Tierreich bekannt sind.

DIE FOSSA

Wissenschaftlicher Name (Art): Cryptoprocta ferox

‹∞›

Können Fossas furzen? Ja

Wenn Sie noch nie von einer Fossa oder Frettkatze gehört haben, sind Sie nicht allein; selbst für die Wissenschaftler, die dieses schwer fassbare Säugetier erforschen, ist es in seinem natürlichen Lebensraum – der fast die ganze Insel Madagaskar umfasst – nicht leicht zu entdecken. Seine Klassifizierung gestaltet sich genauso kompliziert, so dass es schon als naher Verwandter der Mangusten (Seite 102) und später als katzenähnlich eingestuft wurde. Die Fossa ist aber in jedem Fall eine faszinierende Art, wie man schon an ihrem wissenschaftlichen Namen, *Cryptoprocta ferox*, sehen kann. Das lateinische *Cryptoprocta* bedeutet «verborgener After», was sich darauf bezieht, dass der eigentliche Anus der Fossa in einer Analtasche verborgen ist, die mit Stinkdrüsen besetzt ist; die Artbezeichnung *ferox* ist das lateinische Adjektiv für «wild, grausam, bösartig». Dieses Spitzenraubtier jagt tagsüber genauso wie nachts und frisst eine Vielzahl von Säugetieren, Vögeln und Reptilien, wobei sie Lemuren (Seite 114) zu bevorzugen scheint; diese können die Hälfte ihres Speiseplans ausmachen.

Der Flatus der Fossa ist so wie die Fossa selbst: grausam. So grausam, dass Menschen berichten, dass der stechende, anhaltende Gestank einem die Tränen in die Augen treibt. Tatsächlich ranken sich madagassische Mythen um die Fossa, die erzählen, dass ihr Afterparfüm einen ganzen Hühnerstall ausrotten könne!

DIE SANDKLAFFMUSCHEL

Wissenschaftlicher Name (Art): Mya arenaria

KÖNNEN SANDKLAFFMUSCHELN PUPSEN? NEIN

Sandklaffmuscheln gehören einer Gruppe von Organismen an, die als *Bivalvia* (oder eben Muscheln) bekannt sind: Weichtiere, die von zwei Schalenklappen umgeben sind, die eine Art Scharnier zusammenhält. Bei Sandklaffmuscheln schließen allerdings, wie ihr Name schon sagt, diese beiden Schalenklappen nicht vollständig, sie klaffen auseinander. Am besten kennt man sie vermutlich an den Küstenstädten im Nordosten der Vereinigten Staaten, wo sie regelmäßig auf den Speisekarten auftauchen. Auch wenn diese Muscheln nicht pupsen können, rufen sie bei Menschen (Seite 126) mit Schalentier-Allergien oder Intoleranzen durchaus schlechte Gerüche hervor.

Sandklaffmuscheln haben dafür etwas anderes im Repertoire: Sie können kotzen. Ähnlich wie Kraken (Seite 101) besitzen diese Weichtiere einen Sipho – streng genommen sogar einen Zwei-Wege-Sipho. Durch den einen Kanal strömt Wasser mit Nahrungsteilchen und Sauerstoff ein; die Nahrung wird dann durch kleine Härchen, sogenannte Cilien, gefiltert, der Sauerstoff zu den Kiemen transportiert. Das Abwasser strömt durch den Ausgangskanal des Siphos zurück. Wird die Muschel bedroht, schießt sie Wasser und unverdaute Nahrung hinaus und vergräbt sich weiter im Sediment. Wissenschaftler, die Sandklaffmuscheln erforschen, sind mit diesem Verhalten wohlvertraut, weil sie schon oft mit Muschelkotze beschossen wurden. Dieses schwallartige Erbrechen ist so heftig, dass der Auswurf manchmal nicht nur auf, sondern sogar unter der Kleidung der Forscher landet.

DER SCHNEELEOPARD

Wissenschaftlicher Name (Art): Panthera uncia

Können Schneeleoparden pupsen? Vermutlich

Schneeleoparden sind, wie ihr Name schon andeutet, an die Kälte angepasste Katzen, die in den Gebirgsregionen Zentralasiens und Südasiens vorkommen. Verglichen mit anderen Katzenartigen wie dem Löwen (Seite 42) oder dem Gepard (Seite 37) haben Schneeleoparden kleine abgerundete Ohren, ein dickes Fell und untersetzte Körper. All das hilft ihnen, den Wärmeverlust gering zu halten; zusätzlich können sie in den tiefliegenden Nasenhöhlen die eingeatmete Luft anwärmen, und sie besitzen einen dicken Schwanz, den sie zum Schlafen um ihren Körper legen können, um sich warm zu halten. Ähnlich wie andere Katzen sind Schneeleoparden geschickte Jäger und Fleischfresser; sie nutzen ihre riesigen Pfoten und den langen Schwanz, um gewandt über Felsen zu klettern und dort das Gleichgewicht zu halten, wenn sie ihrer Beute auflauern.

Da sie dank ihrer Fellzeichnung perfekt getarnt sind, bekommt man diese schwer fassbaren Tiere in der Wildnis selten – und noch seltener auf Filmaufnahmen – zu sehen, und so ist es auch mit ihren Pupsen: Wir haben derzeit keine gesicherten Erkenntnisse über Schneeleopardenflatulenz. Mit hoher Sicherheit können wir aber davon ausgehen, dass der Schneeleopard wie andere Katzen auch pupst, und wir können darüber hinaus spekulieren, dass seine Pupse durch das dicke, fluffige Fell gedämpft entweichen.

DAS HAUSRIND

Wissenschaftlicher Name (Art): Bos taurus

—◆◆◆—

KÖNNEN RINDER PUPSEN? JA

Wenn ein Tier für seine Fürze berühmt ist, dann wahrscheinlich die bescheidene Kuh. Weltweit existieren ungefähr 1,4 Milliarden Rinder, zwei Drittel von ihnen leben in China, Indien und Brasilien. Als Wiederkäuer verdauen Rinder ihre pflanzliche Diät über verschiedene Stadien in ihrem Vierkammermagen. Das Futter wird erst gekaut, geschluckt und im Pansen vermischt, dann wird es wieder hochgewürgt – jetzt Wiedergekäutes genannt –, erneut gekaut und geschluckt, woraufhin es wieder den Magen erreicht, wo die zelluläre Verdauung und Vergärung durch Mikroorganismen beginnt. Bei der Verdauung des pflanzlichen Materials entstehen eine Menge Treibhausgase, insbesondere Kohlendioxid und Methan, die von den Rindern abgegeben werden – grob geschätzt etwa 100 bis 200 Kilogramm Methan pro Rind im Jahr! Man schätzt, dass Nutzvieh und besonders Rinder für ungefähr ein Drittel der Treibhausgasemissionen verantwortlich sind, die durch Landwirtschaft entstehen.

Allerdings sind das nicht nur Flatulenzen: Kühe furzen zwar, aber den größeren Teil der Fermentationsgase rülpsen sie wieder heraus oder lassen sie einfach mit dem Atem entweichen. Da überrascht es nicht, dass es schon seit Längerem Forschungen gibt mit dem Ziel, den Gasausstoß bei Rindern zu drosseln. Das versucht man beispielsweise, indem man die Ernährung umstellt – mit Algen als Nahrungsergänzung, die die Methanproduktion hemmen sollen – oder sogar, indem Darmbakterien von weniger blähungsgeplagten Arten wie Kängurus (Seite 19) auf Kühe übertragen werden.

DER DELFIN

Wissenschaftlicher Name (Taxon): Cetacea

———⚭———

KÖNNEN DELFINE PUPSEN? JA

Die Gruppe der *Cetacea*, die Delfine, Wale (Seite 46) und Schweinswale mit einschließt, hat sich im Eozän entwickelt (vor ungefähr 33 bis 37 Millionen Jahren). Auch wenn diese Säuger reine Meerestiere sind, sind sie am nächsten mit dem Flusspferd (Seite 116) verwandt. Anders als Flusspferde sind Delfine aber Fleischfresser und ernähren sich hauptsächlich von Fischen und Kalmaren. Delfine sind kooperative Jäger: Gruppen von Delfinen, Schulen genannt, kreisen einen Fischschwarm ein und treiben ihn auf kleinen Raum zusammen oder manchmal in flache Küstengewässer, wo dann Einzeltiere in den Schwarm hineinschwimmen und fressen können. Die Verdauung findet in einem Magen mit mehreren Kammern statt; die erste (der Vormagen) dient als Speisekammer, wo die Nahrung verstaut wird und aus der sie bewusst wieder hervorgewürgt werden kann, erst in den folgenden Kammern beginnt der eigentliche Verdauungsprozess.

Auch wenn Delfinfürze unhörbar sind, weil sie vom Wasser gedämpft werden, gelten Blasen, die aus dem Delfinafter aufsteigen, als eindeutiger Beweis. Außerdem kann man Delfinfürze oft wegen ihres Speiseplans riechen (siehe auch Robben und Seelöwen, Seite 59). Dennoch kann es gut sein, dass Delfine selten pupsen: Durch ihre hohe Stoffwechselrate durchläuft die Nahrung den Verdauungstrakt sehr schnell, sodass vermutlich weniger Darmgase entstehen.

DER LEMUR

Wissenschaftlicher Name (Superfamilie): Lemuridea

───❧❧❧───

KÖNNEN LEMUREN PUPSEN? JA

Lemuren sind eine sehr variantenreiche Gruppe von Primaten, mit derzeit 101 anerkannten Arten, die alle auf Madagaskar heimisch sind. Manche davon sind sehr klein – die Art mit dem entzückenden Namen Berthe-Mausmaki *(Microcebus berthae)*, der kleinste Primat weltweit, wird im Durchschnitt nur 30 Gramm schwer –, während der Indri *(Indri indri)* bis zu neun Kilogramm wiegt. Dieser Variantenreichtum findet sich auch in der Lebensweise der Lemuren; obwohl Lemuren vorrangig auf Bäumen leben, können die verschiedenen Arten tag- oder nachtaktiv, Pflanzen- oder Allesfresser sein.

Es ist nicht überraschend, dass Lemuren pupsen können; allerdings ist das nicht der einzige Weg, über den diese Primaten Gerüche absondern: Lemuren nutzen Gerüche als Kommunikationsform und einige Arten haben unterschiedliche Duftdrüsen über ihren Körper verteilt. Kattas *(Lemur katta)* zum Beispiel haben eine Duftdrüse am Handgelenk, die einen kräftigen, aber kurzlebigen klaren Geruch erzeugt, während eine Drüse nahe der Schulter einen langlebigeren braunen Geruch produziert, der die Konsistenz von Zahnpasta hat. Männliche Kattas nutzen diese Drüsen für Stinkkämpfe, indem sie die beiden Gerüche auf ihrem langen Schwanz vermischen und diesen dann über ihren Köpfen hin und her wedeln, so dass ihre ganz eigene Duftmischung den Rivalen anweht und sie mit ihrem überlegenen Parfüm angeben können.

DER SCHWIMMKÄFER

Wissenschaftlicher Name (Familie): Dytiscidae

— ∞∞ —

KÖNNEN SCHWIMMKÄFER PUPSEN? VIELLEICHT

Zur Familie der Schwimmkäfer zählen mindestens 4.000 Arten. Wie ihr Name schon andeutet, leben Schwimmkäfer im Wasser und sind in Seen, Teichen und Flüssen heimisch. Sowohl die Larven als auch die ausgewachsenen Käfer sind gefräßige Räuber, die andere Wirbellose wie Mückenlarven, Kaulquappen oder kleine Fische erbeuten. Man hat sie sogar schon Tiere fangen sehen, die größer sind als sie selbst. Schwimmkäfer nutzen ihre kräftigen Mandibeln (Mundwerkzeuge), um die Beutetiere zu packen und ihnen Verdauungsenzyme zu injizieren. Die Fressmodalitäten unterscheiden sich aber je nach Lebensstadium: Larven nutzen ihre Mandibeln wie einen Strohhalm und saugen die vorverdauten und verflüssigten Beutetiere innerlich aus, während adulte Tiere kleine Stücke von der Beute abreißen und unzerkaut schlucken.

Nach Sichtung des bislang zugänglichen Materials können wir nicht sicher sein, ob Schwimmkäfer pupsen; an ihrem Hintern findet aber ein ziemlich beeindruckender Gasaustausch statt, der ihnen hilft, unter Wasser zu bleiben und an einen ähnlichen Vorgang bei Zierschildkröten (Seite 84) erinnert. Schwimmkäfer können unter Wasser nicht atmen; sie können beim Auftauchen aber Sauerstoff in einer Blase unter ihren Flügeldecken speichern und aus diesem Reservoir unter Wasser nachtanken.

DAS FLUSSPFERD

Wissenschaftlicher Name (Art): Hippopotamus amphibius

—◈—

KÖNNEN FLUSSPFERDE PUPSEN? JA

Das Gemeine Flusspferd ist eine der beiden rezenten Flusspferdarten – das andere ist das Zwergflusspferd *(Choeropsis liberiensis)* –, und beide Arten sind in Afrika heimisch. Auch wenn sie Flusspferde heißen (*Hippopotamus* bedeutet genau das), sind sie viel näher mit Delfinen (Seite 112) und Walen (Seite 46) verwandt. Flusspferde, allgemeinsprachlich oft auch Nilpferde genannt, sind besonders bekannt für ihre schiere Größe – ausgewachsene Männchen können bis zu 4.500 Kilogramm schwer werden – und für ihr Aggressionspotential. Sie werden als eine der gefährlichsten Säugetierarten auf diesem Planeten betrachtet; wenn sie sich bedroht fühlen, können sie ihre Gegner mit einer Kombination aus ihrer wuchtigen Körpergröße, sehr großen Eckzähnen und einer erstaunlichen Geschwindigkeit (an Land erreichen sie bis zu 30 Kilometer pro Stunde) angreifen.

Flusspferde sind vorrangig Pflanzenfresser, wobei nach neuesten Erkenntnissen einiges darauf hindeutet, dass sie eventuell mehr Fleisch fressen als ursprünglich angenommen – und sogar Artgenossen (welchen Einfluss das auf ihre Pupse hat, ist allerdings bislang unbekannt). Wie Kamele (Seite 96) sind Flusspferde Pseudowiederkäuer – sie haben einen Dreikammermagen und würgen die Nahrung nicht wieder hervor, um sie dann wiederzukäuen – und pupsen, oft und laut. Zur Reviermarkierung setzen Flusspferde Kot ab, der mithilfe von heftigem Schwanzwedeln noch verteilt wird. Wenn dieses Verhalten von lauten Furzattacken begleitet wird, kann das für Zuschauer höchst amüsant sein – oder abschreckend.

DER KOALA

Wissenschaftlicher Name (Art): Phascolarctos cinereus

—∞∞∞—

KÖNNEN KOALAS PUPSEN? JA

Der Koala, der sehr zum Entsetzen von Zoologen manchmal als Koalabär bezeichnet wird, ist in Wirklichkeit ein Beuteltier. Beuteltiere sind eine Gruppe von Säugetieren, die – neben anderen Unterscheidungsmerkmalen – einen Beutel ihr eigen nennen, in dem zum Beispiel die Koala-Babys (in Australien *joeys* genannt) nach der Geburt heranwachsen. Koalas sind in Australien beheimatet und man findet sie und ihre Pupse in der Nähe von Eukalyptus-Baumbeständen, die ihre Futterquelle darstellen. Es ist bekannt, dass Koalas sich nur von etwa 30 der mehr als 700 Eukalyptusarten ernähren; dabei haben sie vielleicht nicht die beste Futterquelle gewählt, denn die Blätter dieser Bäume sind für die meisten Tiere giftig. Um die toxischen Bestandteile der Eukalyptusblätter zersetzen zu können, haben Koalas spezialisierte Mikroorganismen in ihrem Verdauungstrakt; diese Mikroorganismen erben die Koala-Jungen, indem sie einen besonderen Kot der Mutter zu sich nehmen, den sogenannten Papp. Eukalyptusblätter sind außerdem nährstoffarm; Koalas ruhen sich also ähnlich wie Stummelaffen (Seite 85) oft und lang aus, um Energie zu sparen – ungefähr 20 Stunden am Tag. Weil sie Enddarmfermentierer sind, findet die Verdauung der Pflanzenteile wie bei Pferden (Seite 18) in einem besonders – ungefähr zwei Meter – langen Zäkum in ihrem Dickdarm statt und die Nahrungsteilchen bleiben dort eine ganze Weile. Um den Abbau von Nährstoffen im Futter zu optimieren, so einige Studien, verbleibt die Nahrung bei wildlebenden Koalas bis zu 100 Stunden im Verdauungstrakt, bei Tieren in Gefangenschaft sogar bis zu 200 Stunden – eine Menge Zeit für die Produktion von Abgasen!

DER TAPIR

Wissenschaftlicher Name (Gattung): Tapirus

───◦◦◦───

KÖNNEN TAPIRE PUPSEN? JA

Es gibt vier lebende Tapirarten, die man in den bewaldeten Gebieten Süd-
und Zentralamerikas sowie Südostasiens finden kann. Ein typisches
Merkmal von Tapiren ist ihre zum Rüssel verlängerte Schnauze, die zum
Greifen verwendet wird – um Zweige festzuhalten, Blätter zu entfernen
oder Früchte zu pflücken – und unter Wasser sogar als Schnorchel dienen
kann! Auch wenn sie auf den ersten Blick Schweinen ähneln mögen und
häufig mit Ameisenbären verwechselt oder für kleine Flusspferde
(Seite 116) gehalten werden, sind Tapire eigentlich viel näher mit Pferden
(Seite 18), Zebras (Seite 39), Nashörnern (Seite 32) und anderen
Huftieren verwandt, die eine ungleiche Anzahl an Zehen aufweisen
(Unpaarhufer). Als solche sind Tapire Pflanzenfresser und Enddarmfermentierer; in der freien Wildbahn verbringen sie die meiste Zeit damit,
Grünzeug zu äsen, das sie in verschiedenen Vegetationen finden, dabei
verteilen sie häufig Samen über große Entfernungen.

Wie ihre flatulenzaffinen evolutionären Verwandten pupsen Tapire
auch; laut Wissenschaftlern, die mit Tapiren Erfahrung haben, kann man
ihre Furzgewohnheiten als üppig dimensioniert bezeichnen (eine recht
akademische Ausdrucksweise).

DER MEGALODON

Wissenschaftlicher Name (Art): Carcharocles megalodon

<small>⚍⚍⚍</small>

KANN EIN MEGALODON PUPSEN? NICHT MEHR

Wie die Dinosaurier (Seite 40) sind Megalodone – eine prähistorische Riesenhai-Art – ausgestorben, und das schon seit ungefähr 1,6 Millionen Jahren. Als dieses Monster noch lebte, war es allerdings wahrhaft Furcht einflößend. Man geht davon aus, dass es der größte Hai war, der je gelebt hat: Ein Megalodon wurde bis zu 18 Meter lang, der breite Kiefer (bis zu zwei Meter) war mit fünf Zahnreihen besetzt, und jeder Zahn etwa 18 Zentimeter lang. Die Beißkraft dieser Biester wird größer geschätzt als die des *Tyrannosaurus rex* – mit etwa 182.000 Newton zehnmal größer als die des größten Weißen Hais *(Carcharodon carcharias)*.

Da Fossilien die Frage «Kann ein Megalodon pupsen?» leider nicht beantworten, können wir nur rezente Haiarten wie den Sandtigerhai (Seite 74) als Ersatz für den Megalodon betrachten und annehmen, dass er möglicherweise gepupst hat, um den Auftrieb zu regeln. Wenn wir seine gigantische Größe in Betracht ziehen, können wir darüber hinaus spekulieren, dass – wenn der Megalodon pupste – seine Furzattacken auch ziemlich gigantisch gewesen sein müssen; und, wie der Megalodon selbst, vom mittleren Miozän (vor ca. 15,9 Millionen Jahren) bis zum späten Pliozän in fast allen Ozeanen anzutreffen waren.

DER WOMBAT

Wissenschaftlicher Name (Familie): Vombatidae

⟨⟩

Können Wombats pupsen? Ja

Bei den Wombats lassen sich anhand der Nase zwei Gattungen unterscheiden: die monospezifische (nur eine Art umfassende) Gattung des Nacktnasenwombats *(Vombatus)* und zwei Arten des Haarnasenwombats (Gattung *Nasiorhinus*). Wie Koalas sind Wombats pflanzenfressende Beutelsäuger, die in Australien beheimatet sind. Anders als Koalas leben Wombats aber lieber am Boden, entweder in ihren Wohnhöhlen unter der Erde oder an der Oberfläche, wo sie bevorzugt nachts auf Futtersuche gehen. Wombats sind an ihre grabende Lebensweise hervorragend angepasst: Im Gegensatz zu vielen anderen Beuteltieren ist der Beutel des Wombatweibchens nach hinten ausgerichtet und öffnet sich zur Kloake hin, was den Jungen dieser Bodenbewohner besseren Schutz bietet und verhindert, dass sich der Beutel beim Graben mit Dreck füllt. Weniger gut für die Wombatbabys: Auf diese Weise sind sie in der sicheren Position zu bestätigen, dass Wombats (oder jedenfalls Wombatmütter) furzen. Tatsächlich gibt es derzeit keine Studien zur Wombatflatulenz, ihr Verdauungssystem ist aber dem der Koalas zumindest darin sehr ähnlich, dass auch sie Enddarmfermentierer sind und die Nahrung in ihrem Darm sehr langsam verwerten. Wir können also annehmen, dass auch ihr Furzverhalten dem der Koalas ähnelt und Babywombats mit regelmäßiger Geruchsbelästigung leben müssen.

DAS WARZENSCHWEIN

Wissenschaftlicher Name (Gattung): Phacochoerus

───❦───

KÖNNEN WARZENSCHWEINE PUPSEN? JA

Es gibt zwei Arten unter den Warzenschweinen: das Wüstenwarzenschwein *(P. aethiopicus)* und das weiter verbreitete Gemeine Warzenschwein *(P. africanus)*, die beide in Afrika südlich der Sahara heimisch sind. Warzenschweine haben es in Kinderfilmen als durchdringende Furzer schon zu einigem Ruhm gebracht, und auch wenn sie natürlich pupsen, sind sie nicht wirklich die Tiere mit der höchsten Gas- oder gar der stärksten Geruchsentwicklung (siehe Seelöwe, Seite 59) im Tierreich – nicht im Entferntesten. Warzenschweine sind vorrangig Pflanzenfresser, wobei ihr Speiseplan um Insekten oder Aas (totes Tier) erweitert wird, wenn pflanzliches Material rar wird. Auch wenn eine rein pflanzliche Diät ein gutes Rezept für Fürze sein kann, scheinen der einstufige Magen und die Enddarmvergärung zusammen mit einer hohen Dichte und Vielfalt der Darmflora ein sehr effizientes Verdauungssystem zu bilden, um Zellulose zu zersetzen. Tatsächlich haben Wissenschaftler in einer Studie herausgefunden, dass ein einzelnes Warzenschwein nicht mehr als ein Fünfzigstel des Methans produziert, das eine Giraffe (Seite 53) ausstößt, ein Sechsundzwanzigstel im Vergleich zum Elefanten (Seite 35) und ein Fünftel im Vergleich zum Zebra (Seite 39).

DER HAMSTER

Wissenschaftlicher Name (Familie): Cricetidae

※

KÖNNEN HAMSTER PUPSEN? JA

Weltweit existieren 26 Hamsterarten, die in ganz Europa, Asien und im Mittleren Osten heimisch sind. Bis in die 1930er Jahre hatte man keinen Erfolg damit, Hamster zu züchten; doch dann fingen Zoologen die Mutter und Jungen eines syrischen Hamsters und brachten sie in ein Labor, wo sie sich rasch vermehrten (die Tragzeit bei Hamstern beträgt nur 18 Tage!). Der Syrische Goldhamster oder einfach Goldhamster *(Mesocricetus auratus)* ist der beliebteste unter den fünf Hamsterarten, die landläufig als Haustiere gehalten werden. Neben Millionen Goldhamstern, die in Käfigen leben, gefüttert werden und ihre Runden im Hamsterrad drehen, gibt es kaum noch 2.500 wildlebende Exemplare.

Hamster pupsen, und ihre Besitzer berichten immer wieder, dass bestimmte Nahrungsbestandteile wie Kohl vermieden werden sollten, weil sie die Darmgasproduktion deutlich erhöhen – und Darmgase können Hamstern gefährlich werden, weil sie ohnehin zu Blähungen neigen. Für die körperliche Gesundheit und das Wohlbefinden von Hamstern ist eine ausgewogene Ernährung sehr wichtig; sie müssen verschiedene Getreide- und Gemüsesorten fressen. Jeder, der schon einmal einen Hamster gehalten hat, weiß, dass die kleinen Nager Futter in ihren Backentaschen verstauen, um es dann für magere Zeiten in ihren Nestern zu deponieren. Goldhamster haben besonders große Backentaschen, die bis zu ihren Hüften reichen. Wenn sie gefüllt sind, können diese Taschen den Kopf des Hamsters zwei- bis dreimal so groß erscheinen lassen.

DER MENSCH

Wissenschaftlicher Name (Art): Homo sapiens

―∞∞∞―

Können Menschen pupsen? Ja

Wenn Sie dieses Buch lesen, wissen Sie inzwischen, dass Menschen als Primaten in der Lage sind zu pupsen. Im Gegensatz zu anderen Primaten scheint unsere Spezies allerdings bestimmte Gefühle mit ins Spiel zu bringen, nämlich Scham, Verlegenheit, Ekel, aber auch Freude, Schadenfreude oder sogar Erleichterung.

Menschen sind schon lange von ihren Fürzen fasziniert, was sich in kuriosen Mythen und Legenden niederschlägt, die sich um ebenjene ranken. So besagt eine japanische Legende, dass man den Wassergeist Kappa mit besonders kräftigen Fürzen vertreiben kann, während eine Art Aftergeist bei den Innuit, der *Matshishkapeu* (was sich mit «der Furzmann» übersetzen lässt), ein mächtiger und humorvoller Kobold ist, dem man nachsagt, dass er die Zukunft vorhersagen kann. Fürze spielen sogar in Dante Alighieris berühmter *Göttlicher Komödie* eine Rolle, wo in der Hölle der Dämon «mit dem hintern Mund zum Abmarsch blies».

Es ist also nicht überraschend, dass Menschen, die beim Pupsen nicht ertappt werden wollen, Mittel und Wege gefunden haben, andern die Schuld für ihre Flatulenz in die Schuhe zu schieben; Hunde (Seite 82) sind da ein beliebter Sündenbock. Trotzdem pupsen alle Menschen, und zwar jeden Tag, typischerweise zehn- bis zwanzigmal; die Furzhäufigkeit kann sich allerdings auf bis zu 50 Gasentweichungen erhöhen, wenn die Diät besonders ballaststoffreich ist.

ANMERKUNG
DER ÜBERSETZERIN

———— ❧ ————

Für Rückfragen standen mir eine Mikrobiologin, ein Zoologe und ein Atmosphärenphysiker zur Verfügung. Ihnen gilt mein herzlicher Dank! Gelegentlich habe ich in Absprache mit diesen Fachleuten kleine Korrekturen oder Aktualisierungen vorgenommen.

Dabei hat sich ein größerer Unterschied zwischen der englischsprachigen Fachwelt und den deutschen Wissenschaftlern herauskristallisiert, was das Konzept der taxonomischen Nomenklatur betrifft. Hier wird argumentiert, dass die Natur keine Klassen, Teil- oder Unterordnungen oder gar noch feinere Unterscheidungen kennt. Wie jede Klassifizierung ist auch diese ein von Menschen gemachtes Konstrukt, das mit neuen Erkenntnissen immer weiter evolviert. Wir haben uns für einen Mittelweg zwischen Original und hiesiger Betrachtungsweise entschieden und hoffen, damit den englischsprachigen Urhebern wie auch den deutschen Lesern gerecht zu werden.

GLOSSAR

Allomone
Eine von einer Art produzierte chemische Substanz,
die das Verhalten eines Mitglieds einer anderen Art beeinflusst –
zum Vorteil der Art, die das Allomon produziert.

Anaerob
Etwas, das ohne Sauerstoff passiert.

Anthropogen
Von Menschen gemacht oder verursacht.

Archaeen
Einzeller, die Bakterien ähneln, aber eine andere Zellstruktur haben.

Beuteltiere
Säugetiere, die in Australien und Amerika heimisch sind;
sie unterscheiden sich von anderen Säugetieren durch einen äußeren
Beutel, in dem die Entwicklung der Föten vollendet wird.

Cilien
Mikroskopisch kleine, haarähnliche Strukturen.

Dorsal
Am Rücken; rückseitig gelegen.

Echoortung
Fledermäuse, Delfine und Wale nutzen akustische Signale,
um Objekte zu orten.

Enddarm
Der Teil des Darms, der der Kloake oder dem After am nächsten ist.

Endemisch
Heimisch, auf ein bestimmtes Gebiet beschränkt.

Fermentierung
Gärung; chemische Zersetzung von Substanzen durch Bakterien und Hefen.

Flora
In Bezug auf Darmflora die Bakterien, die symbiotisch im Darm leben und bei der Verdauung «helfen».

Gliederfüßer

Wirbellose mit einem Exoskelett, einem segmentierten Körper
und paarig angeordneten Beinen; dazu gehören Insekten, Spinnentiere
und Krebstiere.

Harnstoff

Eine organische Stickstoffverbindung, die ein Organismus als
Nebenprodukt seines Stoffwechsels erzeugt.

Hemidiaphragmen

Teil-Zwerchfelle – in zwei deutliche Hälften geteilter Zwerchfellmuskel.

Hornträger

Arten aus der Gruppe der *Bovidae* – durch ein unverzweigtes Gehörn
charakterisiert.

Huftiere
Säugetiere mit Hufen.

Keimdrüsen
Das Organ, das Sperma oder Eier produziert; allgemein der Hoden
oder die Eierstöcke.

Klammerung/Klammern
Was Frösche oder Kröten tun, wenn sie sich paaren: Das Männchen
klammert sich auf dem Rücken des Weibchens fest.

Kloake
Bei zahlreichen Wirbeltieren das Ende des Verdauungstrakts, aus dem
Kot und Urin und manchmal auch Fortpflanzungssekret ausgeschieden
wird (lat. für «Abfluss»).

Kolon
Der Hauptteil des Dickdarms, in dem Flüssigkeiten und Nährstoffe
absorbiert werden.

Kopffüßer
Eine Gruppe von Weichtieren, zu der Oktopusse und Kalmare gehören.

Kottasche
Eine Art Beutel am Ende des Verdauungstrakts, zum Beispiel von
Spinnen, wo der Nahrung Feuchtigkeit entzogen wird.

Makrofauna
Tiere, die ohne Mikroskop sichtbar sind.

Methan
Die Hauptkomponente von Erdgas; ein starkes Treibhausgas.
Es hat die chemische Formel CH_4.

Milchsäure
Eine organische Säure, die u. a.
von Muskeln unter anaeroben
Bedingungen produziert wird.

Miozän
Ein Zeitraum in der
Erdgeschichte, der ungefähr von
vor 23 Millionen Jahren bis vor
5 Millionen Jahren dauerte.

Newton
Eine Krafteinheit: Ein Newton ist die Kraft, die man braucht,
um ein Kilogramm Masse mit einer Beschleunigung von 1 m/s^2 zu
beschleunigen.

Pliozän
Der Zeitraum in der Erdgeschichte, der ungefähr von vor 5 Millionen
Jahren bis vor 2,5 Millionen Jahren dauerte.

Primaten
Eine Gruppe von Säugetieren, zu denen Halbaffen, Menschenaffen
und Menschen gehören. Primaten werden durch ihre großen Gehirne
und Hände und Füße, die greifen können, charakterisiert.

Pseudowiederkäuer
Tiere, die zwar eine den Wiederkäuern ähnliche Verdauung im
Vorderdarm aufweisen, aber keinen Vierkammermagen haben.

Ringmuskel/Schließmuskel
Ein ringförmiger Muskel, der eine Öffnung im Verdauungstrakt,
z. B. den After, verschließt.

Setae
Spezialisierte haar- oder borstenähnliche Strukturen, die man auf manchen Organismen findet.

Sipho
Rohrartige Struktur bei Weichtieren, durch die Wasser oder Luft geleitet wird.

Speiseröhre
Das Organ, das dafür verantwortlich ist, Nahrung von der Mundöffnung eines Organismus in den Magen zu befördern.

Sputum

Eine Mischung aus Speichel und Schleim.

Stoffwechsel

Der chemische und physikalische Prozess, der Organismen
am Leben erhält.

Taxon

In der Zoologie eine Gruppe von Organismen, die in der Systematik
eine Einheit bilden.

Unterart

In der Taxonomie eine Klassifizierung, die unter der eigentlichen Art
steht; Unterarten sind nicht «abweichend» genug, um als eigene Art zu
gelten.

Vorderdarm
Der Teil des Darms, der dem Mund oder Maul am nächsten ist.

Wiederkäuer
Eine Gruppe von Säugetieren, die einen Vierkammermagen besitzen und die die Nahrung in einer ersten Kammer vorverdauen, wieder hervorwürgen und dann wiederkäuen, um sie schließlich endgültig zu verdauen.

Wirbellose
Tiere ohne Wirbelsäule.

Wirbeltiere
Tiere mit Wirbelsäule.

Zäkum, auch Zökum
Im Allgemeinen eine Tasche im Darm, wo Dünndarm und Dickdarm aufeinandertreffen; beim Menschen fachsprachlich für Blinddarm. Es kann auch jede Körperhöhle sein, die nur einen Eingang hat.

Zellulose
Hauptbestandteil der Zellwände von Pflanzen.

Zooide
Kleinstlebewesen, die Teile einer Kolonie sind.

Zoologen
Coole Leute wie Dani Rabaiotti und Nick Caruso, die Tiere erforschen.

Zoologie
Die Erforschung von Tieren und ihrer Ökosysteme.

Zwerchfell (Diaphragma)
Der Muskel, der beim Säugetier den Brustkorb vom Bauch trennt.

ÜBER DIE AUTOREN

DANI RABAIOTTI
@DANIRABAIOTTI

Dani ist eine Zoologin, die derzeit an der Zoological Society und am University College in London die Auswirkungen des Klimawandels auf den Afrikanischen Wildhund (die beste Tierart überhaupt) untersucht. Sie stammt ursprünglich aus Birmingham und ist stolz drauf. Dani ist schon seit ihrer Kleinkindzeit leicht besessen von Tieren; damals war ihr Lieblingstier ein Krebs, und sie bestand darauf, eines Tages Meeresbiologin zu werden. Tierische Fürze erschienen erst kürzlich auf ihrem Radar, aber da sie ungern eine Gelegenheit sausen lässt, mehr über Tiere herauszufinden, hat sie sich voller Enthusiasmus daran gemacht, für *(p)oops!* Nachforschungen anzustellen und das Buch dann auch zu schreiben. Als sie ihrer Familie von dem Buch erzählte, war ihr Vater in erster Linie davon begeistert, dass ihr Koautor auch einen italienischen Nachnamen hat.

Nick Caruso
@plethodonick

Nick ist ein Ökologe, der derzeit an der University of Alabama am biologischen Institut arbeitet und die Rolle des Klimas in der Populationsbiologie von Appalachischen Salamandern *(Plethodon teyahalee)* erforscht. Er kommt ursprünglich aus St. Charles, Missouri, und hat seine Kindheit damit verbracht, zusammen mit seinem Bruder in Wäldern, Bächen und Flüssen alle möglichen Reptilien und Amphibien zu fangen. Auch wenn tierische Fürze nie Gegenstand seiner Forschungen waren, fand Nick Flatulenz schon immer komisch und wollte außerdem wie Dani Rabaiotti ungern die Gelegenheit auslassen, mehr über Fürze zu lernen und zu schreiben. Und im Zuge der Nachforschungen zu den diversen Tieren in diesem Buch hat er eine neue Bewunderung für Fürze und die faszinierenden Anpassungen im Tierreich entwickelt.

ETHAN KOCAK
@BLACKMUDPUPPY

Ethan Kocak ist Künstler und Illustrator, vor allem bekannt für seine Graphic-Novel-Serie *Black Mudpuppy* und etliche andere künstlerische Arbeiten, die sich mit wissenschaftlichen Themen beschäftigen. Seine Arbeiten sind auf Webseiten von *Scientific American* und des Wissenschaftsmagazins von *WIRED* erschienen und beschäftigen sich häufig mit Reptilien und Amphibien. Er lebt in Syracuse im Staat New York, zusammen mit seiner Frau, seinem Sohn und einer Sammlung seltener Salamander.

DANKSAGUNG UND MITWIRKENDE

Riesigen Dank an Science Twitter im Allgemeinen
und an die folgenden Experten im Besonderen für ihr Mitwirken
an diesem bahnbrechenden Forschungsprojekt:

Adriana Lowe (@adriana_lowe) – Aditya Gangadharan (@AdityaGangad)
– Alex Bond (@TheLabAndField) – Alex Evans (@alexevans91) – Amy
Schwartz (@LizardSchwartz) – Angie Marcias (@HereBeSpiders11) –
Anthony Caravaggi (@thonoir) – Arjun Dheer (@ArjDheer) – Becky
Cliffe (@BeckyCliffe) – Brian Wolven (@BrianWolven) – Carina
Gsottbauer (@CarinaDSLR) – Cassandra Raby (@CassieRaby) –
Chris Conrod (@edosartum) – Chris Pellecchia (@SquamataSci)
– Dave Hemprich-Bennett (@hammerheadbat) – David Steen
(@AlongsideWild) – Ellen Holding (@pakachusus) – Erin Kane
(@Diana_monkey) – Gregor Kalinkat (@gkalinkat) – Helen O'Neill
(@hmkoneill) – Helen Plylar (@SssnakeySci) – Imogene Cancellare
(@boliogistimo) – Ivan Daum (@ivandaum) – Jeff Clements
(@biolumiJEFFence) – Jenny Gumm (@jennygumm) – John Smutko
(@Smutt235) – Julie Blommaert (@Julie_B92) – Julie Wright
(@indik) – Julien Fattebert (@FattebertJ) – Kim Kennedy – Lauren
Robinson (@Laurenmrobin) – Lewis Bartlett (@BeesandBaking) –
Lea Mac (@tecklen) – Mark Scherz (@MarkScherz) – MichaelReid
(@mjcreid) – Nadine Gabriel (@NadWGab) – Natick Bobcat
(@NatickBobCat) – Noah Mueller (@nbystoma) – Rachel Hale –
(@_glitterworm) – Sarah McAnaulty (@SarahMackAttack) – Sergio
Henriques (@SS_Henriques) – Sloth Sanctuary (@SlothSanctuary)

INHALT

———

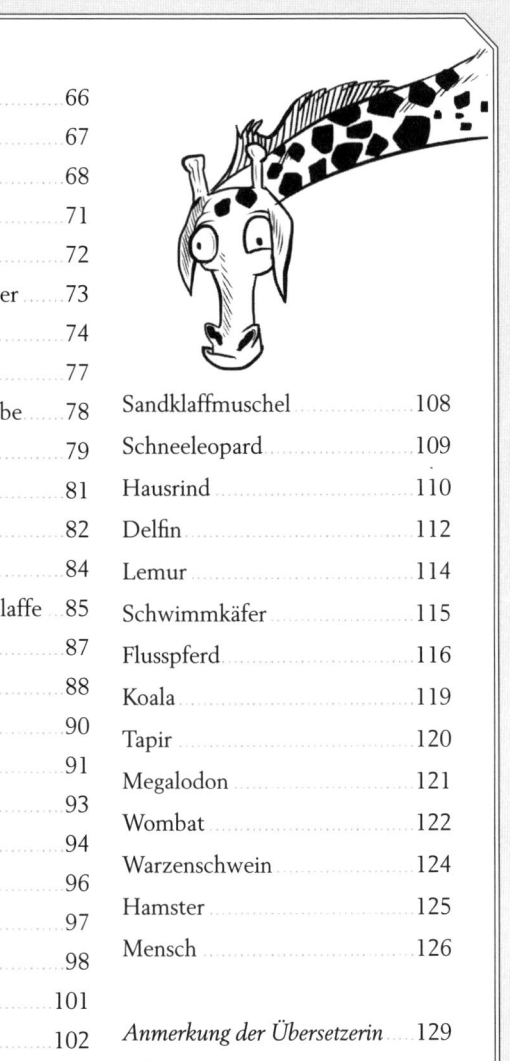